电气自动化设备安装与维修省级示范专业系列丛书

物联网技术应用教程

—— ESP8266 物联网开发与智能家居安装调试

主　编　游　洋

副主编　周　旭　刘阳杰　郑在富　郑　清

参　编　李才惠　唐万坤　邓　超　程小涛　赖露婷

西南交通大学出版社

·成　都·

图书在版编目（CIP）数据

物联网技术应用教程：ESP8266物联网开发与智能家居安装调试 / 游洋主编. —成都：西南交通大学出版社，2020.1（2022.11重印）
（电气自动化设备安装与维修省级示范专业系列丛书）
ISBN 978-7-5643-7319-1

Ⅰ. ①物… Ⅱ. ①游… Ⅲ. ①互联网络－应用－住宅－智能化建筑－教材②智能技术－应用－住宅－智能化建筑－教材 Ⅳ. ①TU241-39

中国版本图书馆 CIP 数据核字（2020）第 004580 号

电气自动化设备安装与维修省级示范专业系列丛书

Wulianwang Jishu Yingyong Jiaocheng
——ESP8266 Wulianwang Kaifa yu Zhineng Jiaju Anzhuang Tiaoshi

物联网技术应用教程
——ESP8266 物联网开发与智能家居安装调试

主　编 / 游　洋	责任编辑 / 穆　丰
	封面设计 / GT 工作室

西南交通大学出版社出版发行
（四川省成都市金牛区二环路北一段 111 号西南交通大学创新大厦 21 楼　610031）
发行部电话：028-87600564　028-87600533
网址：http://www.xnjdcbs.com
印刷：成都中永印务有限责任公司

成品尺寸　185 mm×260 mm
印张　10.25　字数　251 千
版次　2020 年 1 月第 1 版　　印次　2022 年 11 月第 4 次

书号　ISBN 978-7-5643-7319-1
定价　38.00 元

课件咨询电话：028-81435775
图书如有印装质量问题　本社负责退换
版权所有　盗版必究　举报电话：028-87600562

前言

本书从实际工程应用入手分为两大部分，第一部分基于ESP8266物联网开发板进行开发教程实训，第二部分基于我校物联网智能家居平台并利用综合布线技术、网络通信技术进行系统安装与调试。本书所有内容均以实训过程和实训现象为主导，由浅入深、循序渐进地讲述物联网的各种功能与应用。

本书不同于传统的讲述物联网的书籍，书中的所有例程均以实际硬件实训板或实训设备的实训现象为根据，由任务为导向来分析物联网的工作原理，使读者知其然，又能知其所以然，从而帮助读者在实际应用中彻底理解和掌握物联网。另外，本书中大部分内容均来自作者科研及教学工作实践，涵盖作者多年来项目经验总结的精华，并且贯穿一些学习方法的建议。

本书内容丰富，实用性强，为读者提供的源代码均可以使用，并可以直接应用到工程项目中。同时，物联网开发板为主流开发板，购买很方便。可帮助读者边学边练，达到学以致用的目的。读者在学习过程中以书为参考，并用物联网实训板实训设备进行实践，可以更快更好地掌握物联网应用知识和技能。

本书内容组织

本书共分2篇，分别为ESP8266开发教程和智能家居安装及调试实训。

第1篇主要讲述了ESP8266无操作系统的SDK编程，并且接入物联网平台；详细讲解了物联网协议MQTT以及百度云物联网平台。读者可以学到许多的网络知识、物联网通信协议MQTT、百度云物联网平台的接入方式以及使用方式、物联网平台中物联网组件的使用。

第2篇为基于智能家居的安装及调试实训，提高了读者对于智能家居平台应用的实训学习、动手操作能力，同时为全国职业院校技能大赛智能家居安装与维护赛项的参赛者提供智能平台应用开发部分的辅导。该篇以智能家居平台应用作为主要讲解内容。其主要划分为五个实训：智能门禁对讲实训、消防和报警实训、视频监控及安防实训、DDC 楼宇智能照明及电器控制实训、智能家居实训。本书首先介绍各模块的功能，然后介绍整个系统的搭建，最后介绍系统的调试过程。

本书适合作为中职电子信息类、机电类、物联网等专业课程教材，或大学生创新基地培训教材，或物联网初学者学习用书。本书还可供从事自动控制、智能仪器仪表、电力电子、机电一体化等专业的技术人员参考。

限于编者的时间、经验及水平，书中难免会有疏漏之处，敬请广大读者批评指正。

编　者

2019 年 6 月

目 录

第1篇　ESP8266 开发教程

第1章　基础知识 ·· 2
  1.1　物联网概述 ·· 2
    1.1.1　什么是物联网 ·· 2
    1.1.2　物联网的用途 ·· 3
    1.1.3　物联网通信方式 ··· 5
  1.2　ESP8266 物联网平台 ·· 6
    1.2.1　ESP8266 芯片 ··· 6
    1.2.2　ESP8266 芯片管脚定义 ·· 7
    1.2.3　ESP8266 核心电路 ·· 8
    1.2.4　ESP8266 开发板 ··· 10

第2章　SDK 编程及 GPIO 设计 ·· 12
  2.1　SDK 编程 ·· 12
    2.1.1　ESP8266 开发方式 ·· 12
    2.1.2　什么是 SDK ·· 13
    2.1.3　SDK 编程环境的搭建 ·· 15
    2.1.4　SDK 程序的编译 ·· 18
    2.1.5　ESP8266 程序下载 ·· 25
    2.1.6　ESP8266 编程的程序架构 ··· 30
  2.2　GPIO 设计 ·· 32
    2.2.1　点亮一个 LED ·· 32
    2.2.2　LED 闪烁 ··· 37
    2.2.3　按键控制 LED ··· 40

第3章 物联网网络体系结构及通信接口设计 ························ 44
3.1 计算机网络 ························ 44
3.1.1 网络体系结构 ························ 44
3.1.2 无线网络 WiFi ························ 45
3.1.3 IP 地址与端口 ························ 46
3.1.4 UDP 与 TCP 通信 ························ 50
3.2 通信接口设计 ························ 51
3.2.1 ESP8266 的 AP 模式设置 ························ 51

第4章 物联网云平台设计 ························ 60
4.1 乐鑫云平台 ························ 60
4.1.1 乐鑫云端设备的创建 ························ 60
4.1.2 乐鑫云平台开发 ························ 62
4.2 百度云平台 ························ 72
4.2.1 百度云的创建 ························ 72
4.2.2 百度云端设备的创建 ························ 74
4.2.3 百度云端设备的接入 ························ 78

第2篇 智能家居安装及调试实训

实训 1 智能门禁对讲系统 ························ 85
实训 2 消防报警系统 ························ 94
实训 3 视频监控及安防系统 ························ 105
实训 4 DDC 楼宇智能照明及电器控制系统 ························ 127
实训 5 智能家居系统 ························ 144

第1篇
ESP8266 开发教程

> 基于 ESP8266 无操作系统的 SDK 编程，通过 TCP/IP、MQTT 协议栈将 ESP8266 接入百度云、阿里云、腾讯云物联网平台，实现设备与物联网平台设备的数据交互。

第 1 章　基础知识

1.1　物联网概述

1.1.1　什么是物联网

物联网（Internet of Things，IOT）也被译为万物互联，注意这里是大写的 Internet，而不是小写的 internet。小写的 internet，表示将计算机网络相连的任意网络，并不一定遵循 TCP/IP 协议，比如工业上的内网通信，特殊场合的局域网。大写的 Internet，表示互联网，是使用 TCP/IP 协议簇作为通信规则的网络，我们平时所说的"上网"指的就是互联网。这里是 Things，而不是 Thing，表示万物。所以说被译为万物互联。

物联网被称为继计算机互联网之后，世界信息产业发展的第三次浪潮。物联网是指通过各种信息传感设备，实时采集任何需要监控连接互动的物体或过程等各种需要的信息，与互联网结合成一个巨大的网络，其目的是实现所有的物品与网络的连接，方便识别管理和控制，如图 1-1-1 所示。

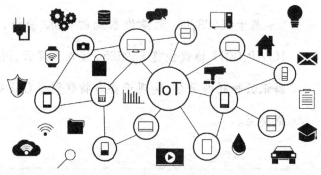

图 1-1-1　万物互联

物联网最重要的属性就是将设备接入互联网。假设两台设备使用 2.4 GHz 射频模块进行无线通信，这并不能算作物联网连接；如果有多个设备接入 WiFi 路由器在局域网内传输数据，这个也不能算作物联网连接，因为它们虽然实现了物物相连，但是没有实现将设备接入互联网，所以说不能算作物联网。只有当把所有设备都接入互联网后，这些设备才能算构成了物联网。那么设备接入互联网究竟有什么用呢？当设备接入互联网之后，就可以将数据上报到物联网平台，也可以接收互联网平台的指令，这些数据就形成了当前最热门的两个技术——"大数据与云服务"。所以当物物互联算作物联网时，就必须有云服务与大数据相关技术参与其中。

这里举一个共享单车的例子，如图 1-1-2 所示。共享单车可以将它当前的地理位置上报到互联网平台，用户可以通过手机 App（Application）来查看自己骑行的轨迹和路程，运营商也可以通过自行车上报的数据来计算总骑行路程，来判断报废时间、及时补充新车或者从大家骑行的情况在使用频繁的区域精确投放单车。

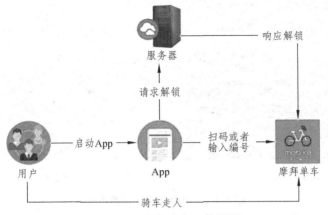

图 1-1-2　共享单车工作原理

1.1.2　物联网的用途

在未来物联网的用途会更加广泛，遍及智能交通、环境保护、政府工作、公共安全、平安家居、智能消防、工业监测、环境监测、路灯照明等多个领域。物联网将是下一个推动世界高速发展的重要生产力，是继通信网之后的另一个万亿级市场。

你能想象吗，当身边的一切都开始了互联，我们的每一天会发生怎样的改变？现在有一种力量赋予数据全新的价值，让改变一一发生。生活中原本普通的家电，会变得智能化，如图 1-1-3 所示。当你下班回家时，空调已将房间温度调节到你最舒适的状态，冰箱也已按照已有食材和口味偏好推荐了营养菜谱，甚至一个普通的豆浆机也已经连接上了云，云食谱的健康算法为你做好了膳食均衡的推荐，一键购买专属食材，即刻上门。

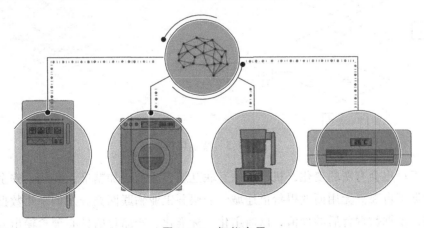

图 1-1-3　智能家居

在云服务中平台通过大数据分析沉淀生活场景，制定成熟多样的解决方案让家电开始自我学习与升级，智能化场景化的服务给每一个家庭带来全新的生活体验。当无数的智能家居在同一平台互联互通后，会组建成为一个个拥有人性化处理能力的智能小区，如图 1-1-4 所示。

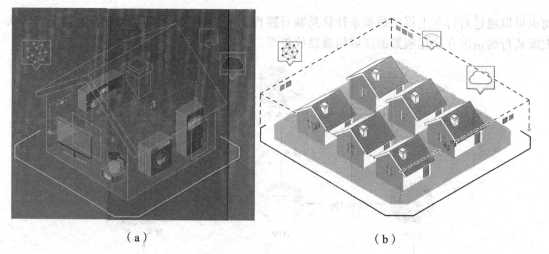

图 1-1-4 智能家庭+智能小区

这个智能体会以点到面覆盖到整个城市，你能看到交通得到提速，通信更加多元，能源变得清洁，建筑实现智能，丰富的数据流转于你我身边。云服务物联网平台会利用先进的平台架构帮助城市数据高度资产化，为城市级应用提供可实施方案及高效支撑，建立物联城市数字标准，为我们生活带来便捷、舒适，整座城市也变得智能，如图 1-1-5 所示。

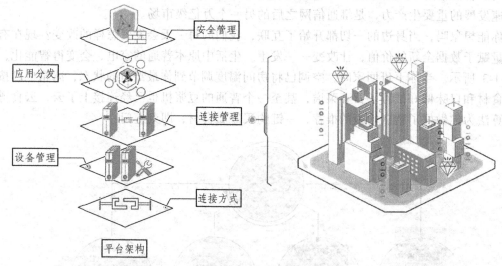

图 1-1-5 智能城市

传统的工厂也会有新的变化，机器开始互联互通，生产更加精准、高效、安全、低耗。海量设备数据不再孤立无用而变得价值连城，云服务工业物联网充分发掘采集数据，通过数据挖掘算法，挖掘数据背后的价值，以通用化、标准化、产品化的核心理念输出云安全，然后连接数据挖掘和云计算的基础设施，赋予所有生态圈内的设备的云上管理能力，使其在平台上进行快速开发及复制应用，助力企业在良品率、设备远程监测、数字可视化等方面的突破，加速企业通往智能制造的步伐，如图 1-1-6 所示。

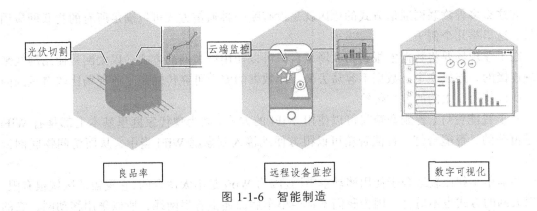

图 1-1-6 智能制造

让生活家居更加人性化,让工业制造更加智能化,让城市运转更加高效,而这一切得以实现的基础就是云服务物联网平台,它通过开放连接能力将数以亿计的海量设备连接在一起,让每一个设备和物体产生的数据都能够被采集、传输、存储、计算、增值,让设备与人、语音、安防、图像识别、支付、购物能够无缝对接。

综上所述,物联网就是使"万物互联",让万物都有感知,但却又不止于感知。

1.1.3 物联网通信方式

要想实现物联网,我们面临的首要问题就是设备如何接入互联网,也就是说我们的设备和物联网云平台的通信方式是什么?物联网通信方式有很多,比如移动空中网、传统通信方式、有线传输和近距离无线传输,如图 1-1-7 所示。

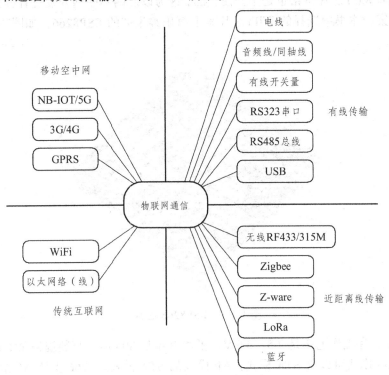

图 1-1-7 物联网通信方式

有这么多种物联网通信方式的原因就是没有哪一种通信方式可以满足所有的物联网应用场景。这里举几个例子：

在工业现场要将数据上报到物联网平台，可以使用以太网的方式。以太网是使用网线来实现连接的，连接稳定，数据不容易丢失，而数据的安全可靠传输是工业现场比较看重的问题，所以使用以太网的方式传输。

对于智能台灯、智能音箱就可以使用 WiFi 的方式。因为现代家庭里基本上都是有 WiFi 信号覆盖的，智能台灯、智能音箱可以很方便地接入到家庭 WiFi 当中，从而访问物联网云平台。

共享单车就比较适合于使用移动空中网。因为 WiFi 是不太适合的，它覆盖的区域很有限，而以太网的方式也不适合，因为我们不希望单车后面还拖着根网线，所以采用移动网，它的覆盖范围很大，共享单车一般也都是处于它的覆盖范围当中的。

其他的通信方式各有优缺点，这里就不一一叙述了，如果感兴趣的话，可以自行查阅相关的资料。

1.2 ESP8266 物联网平台

1.2.1 ESP8266 芯片

之前已经介绍了物联网通信的多种方式，本书选择的通信方式为 WiFi，原因是读者对于 WiFi 是比较熟悉的，而且实现起来也很方便，手机和计算机可以很方便地接入 WiFi，实现和设备的通信。而 WiFi 芯片价格也是十分便宜的，这为以后的物联网开发过程提供了一套比较经济的解决方案。本书中选择的 WiFi 芯片是上海乐鑫生产的 ESP8266，如图 1-1-8 所示。

图 1-1-8　ESP8266 芯片

乐鑫 8266 芯片工作电压是 2.5～3.6 V，平均电流是 80 mA，封装规格是 5 mm×5 mm，体积较小。WiFi 模式可以是 STA 模式，AP 模式加 STA 模式，8266 支持 AT 指令和 SDK 开发、网络协议支持 IPV4、TCP、UDP 通信，在此基础上可以实现应用层的功能，比如 HTTP、FTP 和 MQTT。8266 内置 32 位的处理器，CPU 时钟速度最高可达 160 MHz，支持实时操作系统和 WiFi 协议栈。

8266 内置了存储控制器，包含 ROM 和 SRAM。这里应注意，芯片内部没有可编程的存储器，用户程序必须存放在外部 Flash 当中。理论上外部 Flash 最大支持 16 MB 存储。8266 的高频时钟基于外部晶振，晶振频率在 24～52 MHz，它的射频部分由 2.4 GHz 接收器 2.4 GHz 发射器等组成。8266 支持 TCP/IP 协议，完全遵循 802.11b/g/n 无线标准，专为移动设备、可穿戴电子产品和物联网应用设计，拥有先进的低功耗管理技术。

ESP8266 面对 WiFi 物联网场景的特点：

1. 性能稳定

ESP8266 的工作温度范围大，且能够保持稳定的性能，能适应各种操作环境。

2. 高度集成

ESP8266 集成了 32 位 Tensilica 处理器、标准数字外设接口、天线开关、射频 BALUN、功率放大器、低噪放大器、过滤器和电源管理模块等，仅需很少的外围电路，可将所占 PCB（印制电路板）空间降低。

3. 低功耗

ESP8266 专为移动设备、可穿戴电子产品和物联网应用而设计，通过多项专有技术实现了超低功耗。ESP8266 具有的省电模式适用于各种低功耗应用场景。

4. 32 位 Tensilica 处理器

ESP8266 它是低功耗高集成度的 WiFi 芯片，仅需 7 个外围元器件。内置超低功耗 Tensilica L106 32 位 RISC 处理器，CPU 时钟速度最高可达 160 MHz，支持实时操作系统（RTOS）和 WiFi 协议栈，可将高达 80%的处理能力留给应用编程和开发。

1.2.2 ESP8266 芯片管脚定义

ESP8266 的封装方式是 QFN32-pin，管脚定义如图 1-1-9 所示。

无论哪种芯片，当我们观察它的表面时，都会找到一个凹进去的小圆坑，或是用颜色标注的一个小标记（圆点或三角或其他小图形），这个小圆坑或是小标记所对应的引脚就是这个片的第 1 引脚，然后逆时针方向数下去，即从第一到最后一个引脚。如图 1-1-8 中 PLCC/LCC 封装的单片机，在左上角有一个小圆坑，它的左边对应的引脚即为此单片机的第 1 引脚，逆时针数依次为 2，3，……，40。在实际焊接或是绘制电路板时，请务必要注意它们的引脚标号，否则焊接错误，那完成的产品是绝对不可能正常工作的。

接下来以图 1-1-9 ESP8266 引脚图为例介绍芯片各个引脚的功能，33 个引脚按其功能类别将它们分成 3 类：

（1）电源和时钟引脚。如 VDD、GND、XTAL_OUT、XTAL_IN（需掌握）。

（2）编程控制引脚。如 EXT_RSTB、TOUT、CHIP_EN、RES12 K（了解即可）。

（3）IO 口引脚。如 GPIO、U0RXD、SD_DATA_0 等（需掌握）。

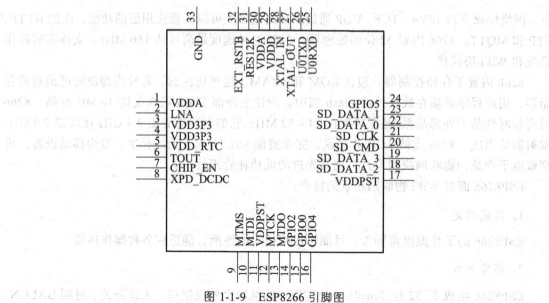

图 1-1-9 ESP8266 引脚图

1.2.3 ESP8266 核心电路

ESP8266 仅仅只是一颗 WiFi 芯片，它还需要外围电路的配合，才能正常的工作。怎样才能让它达到所期望的工作状态呢？我们要从芯片生产商所提供的技术文档中去找答案。登录乐鑫的官网，在文档当中可以找到 8266 硬件匹配指南与 8266 硬件设计指南。上面已经给我们提供了良好的解决方案，如图 1-1-10 所示。

ESP8266 核心电路由 12 个以内的电阻、电容、电感，1 个无源晶振及 1 个 SPI Flash 组成。射频部分全内部集成实现，并且内部带有自动校准功能。ESP8266 高度集成的特点，使得其外围设计非常简单容易。

（1）只有 Pin11 和 Pin17 两个数字电源管脚，电压范围：1.8 ~ 3.3 V。有 5 个模拟电源管脚，其中 Pin1、Pin3、Pin4 给内置的 PA 和 LNA 供电，Pin29、Pin30 给内置的 PLL 供电。工作电压为：2.5 ~ 3.6 V。若用 3.3 V 作为统一的系统电源，上电是要遵循特定时序，大家在使用时要查看其芯片对应文档。

（2）Pin32（EXT_RSTB）为复位管脚。此管脚内部有上拉电阻，低电平有效。为防止外界干扰引起的重启，建议 EXT_RSTB 的走线尽量短，并在 EXT_RSTB 管脚处增加一个 *RC* 电路。

（3）ESP8266 的 demo Flash 选用的是 SPI Flash，ROM 的大小为 2 MB，封装为 SOP8（208 mil）。其中在 Pin21（SD_CLK）管脚上串联一个串联电阻连接到 Flash CLK 管脚上。此电阻的作用主要为降低驱动电流，减小串扰和外部干扰，调节时序等。初始串联电阻选用 200Ω。

（4）ESP8266 支持 40 MHz，26 MHz 及 24 MHz 的晶振，使用时请注意选择对应晶体类型。晶振外部输入输出所加的对地调节电容 $C1$、$C2$ 不固定，该值范围在 6 ~ 22 pF，具体值需要通过对系统测试后进行调节确定。选择的晶振自身精度需在 ± 10 PPM。

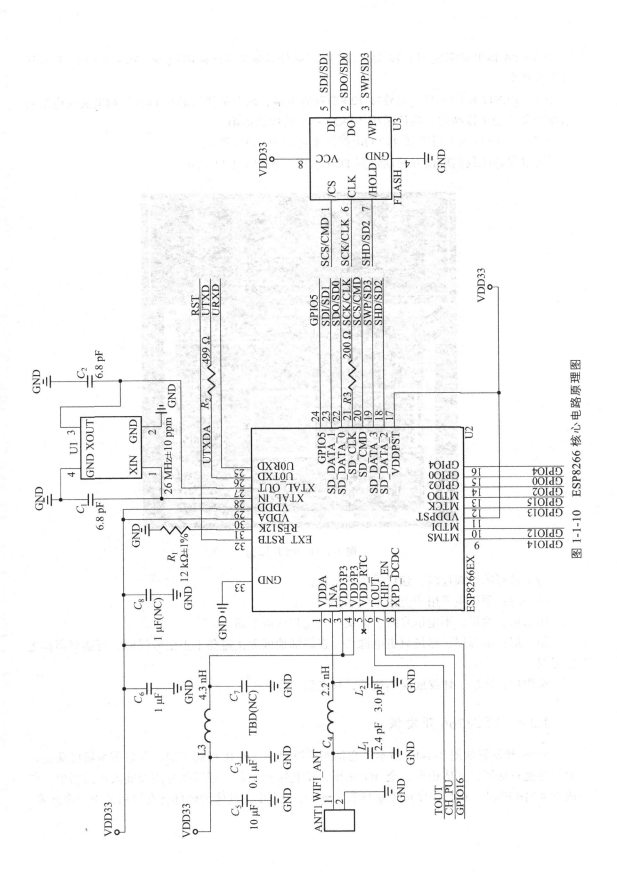

图 1-1-10 ESP8266 核心电路原理图

（5）PA 输出端阻抗为（39+j6）Ω，所以最佳后端天线匹配阻抗为（39－j6）Ω（从天线方向看进来）。

（6）RES12 K（Pin31）需外接 12 KΩ对地电阻，该电阻作为芯片 bias 控制电流的电阻对精度的要求是比较高的，建议采用 12 KΩ±1%精度的电阻。

（7）U0TXD 线上需串联 499 Ω电阻用来抑制 80 MHz 谐波。

通过原理图我们能很方便地得到 PCB 版图，如图 1-1-11 所示。

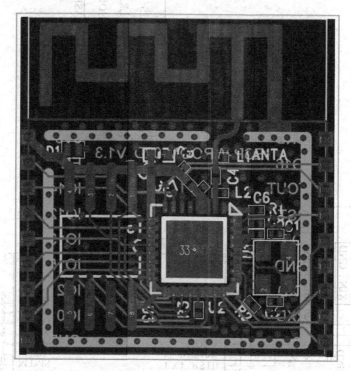

图 1-1-11　PCB 版图

为了良好的射频性能，建议采用四层板：

第一层：顶层主要用于走信号线和摆件。

第二层：地层，不走信号线，保证一个完整的地平面。

第三层：电源层，尽量只走电源线，在局部地区无法避免不走信号线时，可适当用作走信号线。

第四层：底层，建议底层不摆件，只走信号线。

1.2.4　ESP8266 开发板

8266 开发板如图 1-1-12 所示。它是四层板设计，PCB 板载天线，并且带金属屏蔽壳，射频性能有保证。它体积小，全 IO 引出，半孔贴片工艺，可以很方便地嵌入产品当中。它内置 4 MB Flash，用户程序可以直接收录到 Flash 当中。具体的硬件将在以后的学习中涉及。

图 1-1-12　ESP8266 开发板

第2章 SDK编程及GPIO设计

2.1 SDK编程

2.1.1 ESP8266开发方式

ESP8266的开发方式有两种：

第一种是AT指令开发，如图1-2-1所示。该种开发方式需要额外的单片机，单片机通过串口发送AT指令给ESP8266，AT指令实际上就是串口数据。ESP8266接收到AT指令后会执行相应的功能，比如连接WiFi或者发送网络数据等。它的优点是使用非常简单，ESP8266只需要窗口就可以作为WiFi适配器，应用到基于任何微控制器的设计当中，它的缺点是需要额外的单片机，增加成本，并且单片机和ESP8266的通信使用窗口，效率比较低。

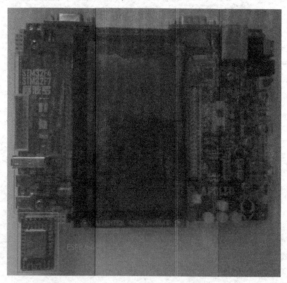

图1-2-1 AT指令开发

ESP8266的另一种使用方式是SDK编程，如图1-2-2所示。ESP8266本身就集成了32位的内核处理器，带片上SRAM，可以通过GPIO等外设连接传感器及其他设备，我们可以将ESP8266独立的应用程序存放在外部的Flash当中。ESP8266读取外部Flash当中的程序，执行相应的功能。也就是说ESP8266本身就是集成了微控制器的WiFi芯片，用户可以使用SDK对它进行编程，实现想要的功能。这种方式的优点是无须额外的单片机，节省了成本，并且因为8266CPU的频率最高可达160 MHz，所以执行效率高。缺点是SDK的编程稍显麻烦，增加了学习成本。所以本书在介绍物联网之外，还有一个任务就是让读者在尽量短的时间内掌握ESP8266的SDK编程，提高实际应用能力。

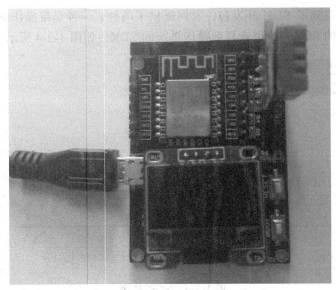

图 1-2-2　SDK 编程

2.1.2　什么是 SDK

SDK（软件开发工具包）为特定的软件包、软件框架、硬件平台、操作系统等建立应用软件时的开发工具的集合。SDK 为用户提供了整套数据接收、发送的函数接口，用户不必关心底层代码，如 Wi-Fi、TCP/IP 等的具体实现，只需要专注于上层应用的开发，利用相应接口完成数据的收发即可。

SDK 就是一个文件夹，它存放 SDK 编程所需要的文件，比如外设驱动库，WiFi 配置库链接文件等。SDK 编程就是在特定的编译环境下，使用 SDK 软件开发包进行 ESP8266 的编程开发。在文件夹中有 API 函数文件夹，API 就是应用程序编程接口，是一些预先定义好的函数，用户在无须访问函数的源码或者函数内部的细节的情况下，就可以直接调用该函数，可以实现该函数的功能。API 函数库就是 SDK 编程里面用得最多的功能。

ESP8266 的 SDK 开发包在哪能找到呢？乐鑫官网给我们提供了一整套的开发环境，如图 1-2-3 所示。

图 1-2-3　乐鑫官网

在资源中我们找到了 SDK 开发包，官网提供了两种，一种是带操作系统的 SDK，另一种是不带操作系统的 SDK，这里选择带操作系统的 SDK，如图 1-2-4 所示。

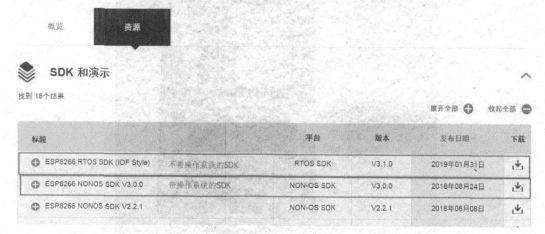

图 1-2-4　SDK 资源

直接下载、解压，可以得到 SDK 开发包。NON-OS SDK 软件包中的内容如图 1-2-5 所示。

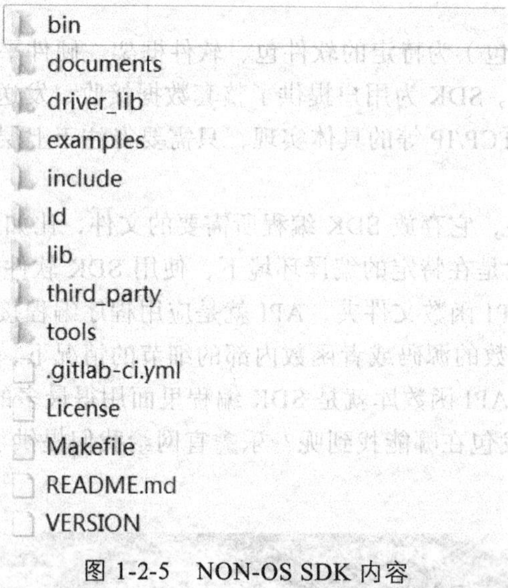

图 1-2-5　NON-OS SDK 内容

bin：编译生成的 BIN 文件，可直接下载到 Flash 中。用户之后用 SDK 编程所产生的编译文件，将会存放到这个文件夹当中，然后直接烧录到 Flash 内。

documents：SDK 相关的文档或链接，目前没有什么用。

driver_lib：外设驱动的库文件，如 UART、I2C 和 GPIO 等。当我们需要使用 ESP8266 的外设时，只需要调用其中的外设驱动的库文件就可以了。

examples：可供用户二次开发的示例代码，如 IOTDemo 等。

include：SDK 自带头文件，包含了用户可使用的相关 API 函数及其他宏定义，用户无须修改。

ld：链接时所需的脚本文件，若无特殊需求，用户无须修改。
lib：SDK 提供的库文件。
tools：编译 BIN 所需要的工具，用户也无须修改。

总之，SDK 编程有它自己的优势，AT 指令所有能完成的功能，SDK 编程都可以实现。所以在接下来的 ESP8266 学习过程中，我们将使用 SDK 编程进行 8266 的开发。

2.1.3　SDK 编程环境的搭建

8266 SDK 编程常用的环境有两种：

第一种是使用 Linux 操作系统。如果我们是使用 Windows 操作系统的话，需要安装虚拟机，然后使用虚拟机安装 Ubuntu 系统，学习 Linux 指令，学习 GCC 编程等。这一套开发流程学习下来，是比较麻烦的，对于初学者不太建议，但如果以后要从事嵌入式、物联网相关工作就必须要求掌握，因为 Linux 在开发方面有着不可替代的优势。

第二种是使用 Windows 操作环境下的一体化编译环境，该环境使用起来非常的方便，比较符合初学者的编程习惯。本书为物联网开发入门级，所以只在这讲解基于 Window 系统下的 SDK 编程。

在使用 SDK 编程软件之前，要保证用户的计算机上装有一套稳定可靠的软件。本教材中讲到的为安信可（AiThinkerIDE_V0.5），如图 1-2-6 所示。为了能让大家更方便地学习本软件的用法，建议在学习本书时尽量选择该版本。

图 1-2-6　AiThinkerIDE_V0.5 软件

这里强烈推荐的学习方法是边学边用，所以我们不会像传统专业书籍，那样，将某个软件的所有功能都讲解得非常仔细，很多不用的地方我们不做说明，需要用到什么，我们就学习什么，这样才能更有效地学习，最终达到学以致用的目的。

下面开始安装开发环境。双击安装包，选择路径，注意这里的路径应尽量不要包含特殊字符，否则容易安装失败，或者启动不了编译器，如图 1-2-7 所示。

图 1-2-7 安装路径

点击"确定"开始安装，等安装完成后，先不要启动，点击"ConfigTool"，配置编译器的路径，选择路径，可以手动选择，也可以直接点击默认选定即可，但是需要注意的是 Cygwin 路径不要有中文或者空格。然后保存，编译器路径就设置好了，如图 1-2-8 所示。启动 IDE，SDK 安装成功。

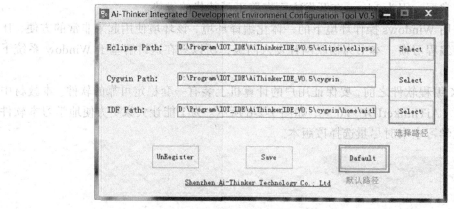

图 1-2-8 路径选择

进入 IDE 软件后，紧接着出现编辑界面，如图 1-2-9 所示。

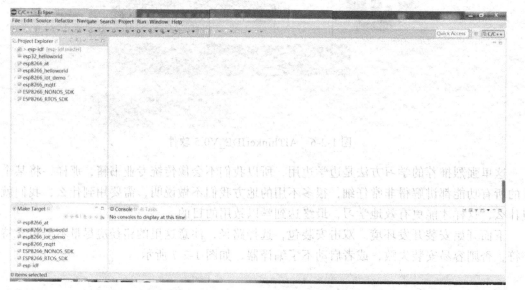

图 1-2-9 进入 IDE 软件后编辑界面

现在界面还不是 C/C++编译界面，为了方便后续的程序开发，这里需要调整编程环境。
（1）选择设置，单击"window"菜单中"preferences"选项，如图 1-2-10 所示。

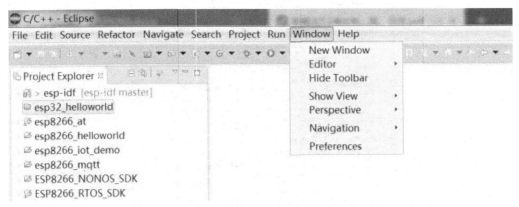

图 1-2-10　设置编译环境

（2）更改编译主题，在设置中选择"General"中的"Appearance"选项，更换主题为"classic"，如图 1-2-11 所示。

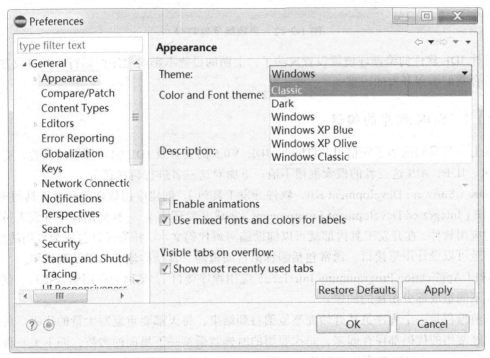

图 1-2-11　编译主题选择界面

（3）更改编译符号，在"General"中的"Editors"找到"Text Editors"，取消图 1-2-12 中的勾选。

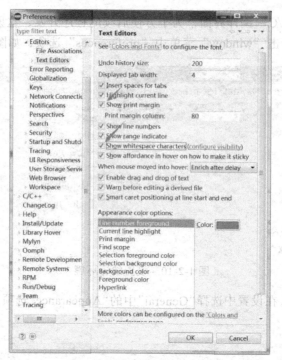

图 1-2-12　更改编译器符号

这样 IDE 软件的编译环境就设置成功了，上面的设置不影响程序的运行，经过设置后，更加符合我们编程开发的习惯。

2.1.4　SDK 程序的编译

在上一节我们描述了安信可 AiThinkerIDE_V0.5 的安装及 IDE 编译环境的设置，有学生对 SDK、IDE、API 这三者的概念混淆不清。下面对这三者进行再次区分。

SDK（Software Development Kit，软件开发工具包）。创建应用软件的开发工具的集合。

IDE（Integrated Development Environment，集成开发环境）。一种辅助程序开发人员开发软件的应用软件，在开发工具内部就可以辅助编写源代码文本，并编译打包成为可用的程序，有些甚至可以设计图形接口。通常包括编程语言编辑器、自动构建工具以及调试器。

API（Application Programming Interface，应用程序接口），又称为应用编程接口，就是软件系统不同组成部分衔接的约定。

以前编程是一个程序员从开始完整地编写到结束，每天都要重复写大量的代码。后面慢慢地把经常用的代码都保存起来，每次要用的时候就微调一下里面的参数，而不关心程序里面具体的代码，这样这些程序就封装起来了，而这些软件应用程序就变成了现在所说的 API。再后来把硬件程序、操作系统程序也封装起来，并与之前的 API 一起打包放在一起，这就成了我们所说的 SDK。再发展到后面还把编译工具也结合在一起，这个就是我们现在所说的 IDE。

综上所述，SDK 是软件编程开发包，它包含了 API，而 IDE 是集成的编译软件，方便用户在程序编好后进行运行、调试。

所以在用于使用安信可 AiThinkerIDE_V0.5 IDE 软件编程之前，要把 ESP8266 的 SDK 工程导入 IDE 软件。

在安信可官网的资源汇总中可以找到安信可 ESP 系列一体化开发环境 IDE 使用手册与 ESP8266 SDK 压缩包，如图 1-2-13 所示。

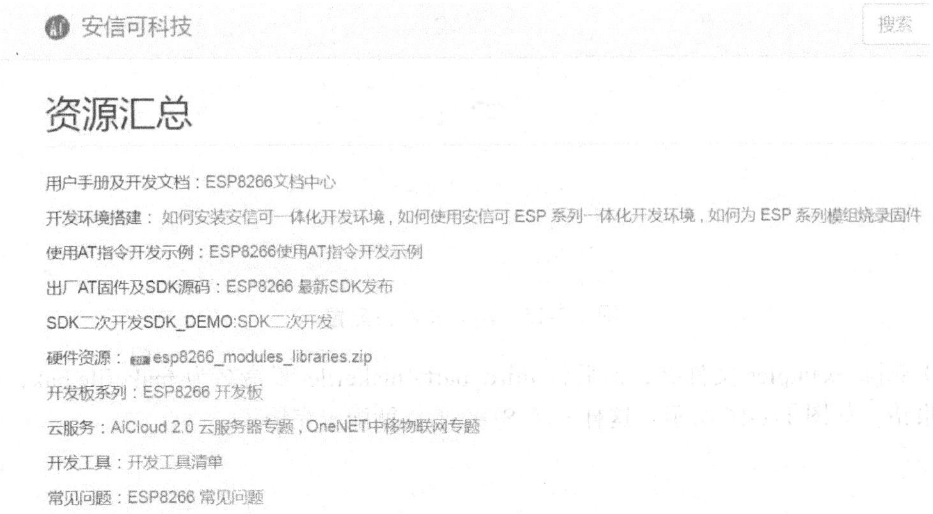

图 1-2-13 安信可官网资源

（1）解压 SDK 软件包，然后重命名。接下来将 SDK 目录下的 driver_lib 重命名为 App，如图 1-2-14 所示。App 目录的意思就是用来存放用户所编写的程序文件，这里不一定非得写成 App，大家可以根据自己的喜好，定义成不同的名字。

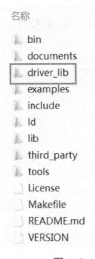

图 1-2-14 SDK 开发包

（2）复制\examples\IoT_Demo 下的所有文件到刚才的 App 目录（提示覆盖则确认），完成后目录结构，如图 1-2-15 所示。

图 1-2-15 App 文件夹配置

（3）删除 examples 文件夹，而后将\third_party\makefile 重命名为 makefile.bak，以防止编译时报错，如图 1-2-16 所示。这样一个 SDK 工程就配置完毕了。

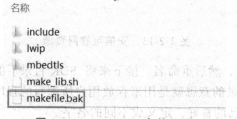

图 1-2-16 makefile 文件配置

（4）接下来将配置的 SDK 工程导入到编译器中。点击软件，选择"File"→"Import"，如图 1-2-17 所示。

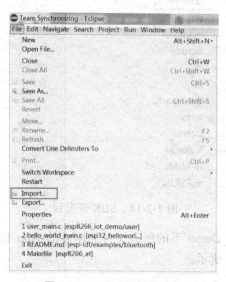

图 1-2-17 SDK 工程导入

（5）点开 C/C++分支，并选中"Existing Code as Makefile Project"，如图 1-2-18 所示。

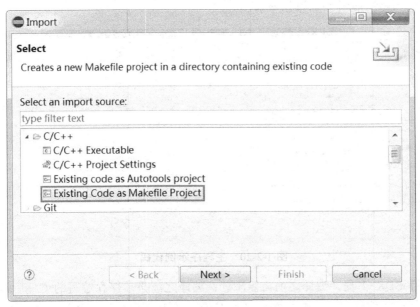

图 1-2-18　C/C++文件的创建

（6）选中"Cygwin GCC"。点击"Browse…"，浏览我们刚才创建的 SDK 工程文件夹，然后点击"确定"，如图 1-2-19 所示。

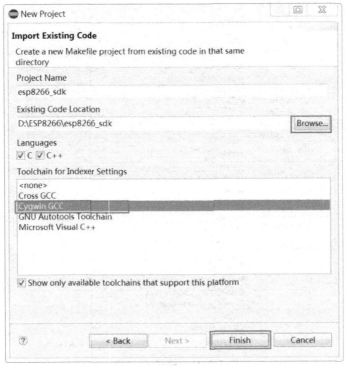

图 1-2-19　SDK 导入

（7）可以看到 SDK 工程已经成功的导入，在 App 文件夹中打开 user_main.c 文件，显示的是程序示例代码，如图 1-2-20 所示。

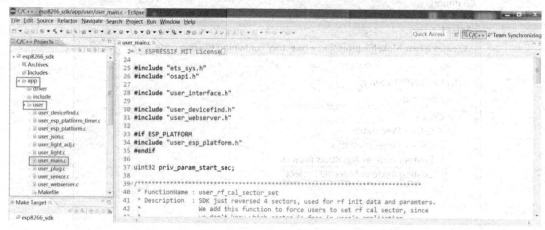

图 1-2-20　主程序示例代码

（8）编译 SDK 工程，编译之前需要注意：编译之前必须保存编写的 C 和头文件，否则编译的是未保存之前的文件，并且编译之前需要通过清除工程来清除之前的编译剩余。在工程区选中工程文件，然后点击右键"Clean Project"清除工程，再点击右键"Build Project"编译工程，如图 1-2-21 所示。

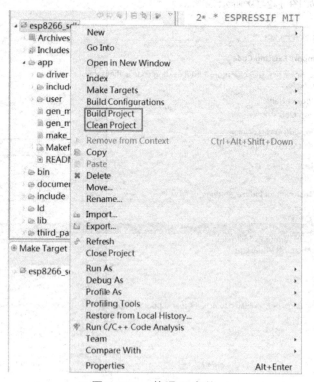

图 1-2-21　编译 C 文件

（9）在控制台下部，看到了这样的字样，如图 1-2-22 所示，表示 SDK 工程编译成功。

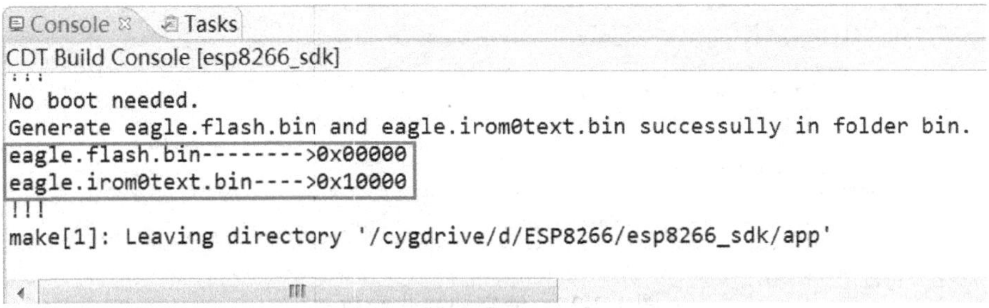

图 1-2-22　编译成功代码

（10）现在编译的仅仅只是 SDK 工程的一个示例代码，它已经写有程序了，接下来将部分程序以及它添加的一些文件删除掉，作为我们的 SDK 工程模板，如图 1-2-23 和图 1-2-24 所示。注意：头文件 user_devicefind.h、头文件 user_webserver.h、条件编译 ESP_PLATFORM、变量 priv_param_start_sec 都删除。

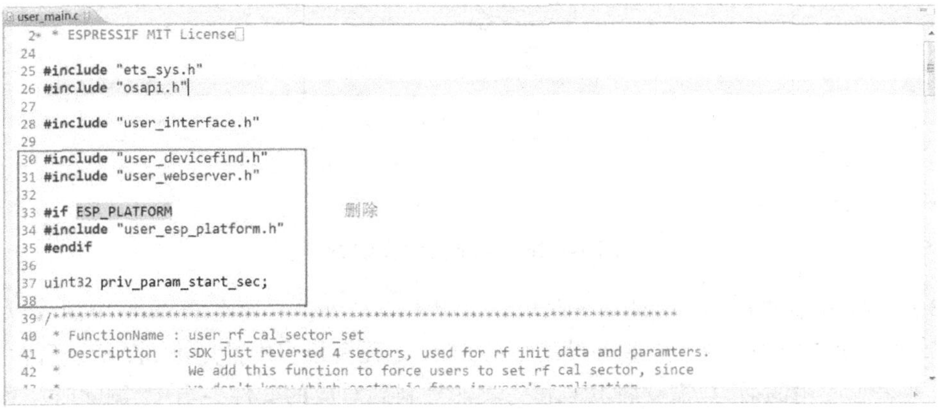

图 1-2-23　头文件、变量申明删除

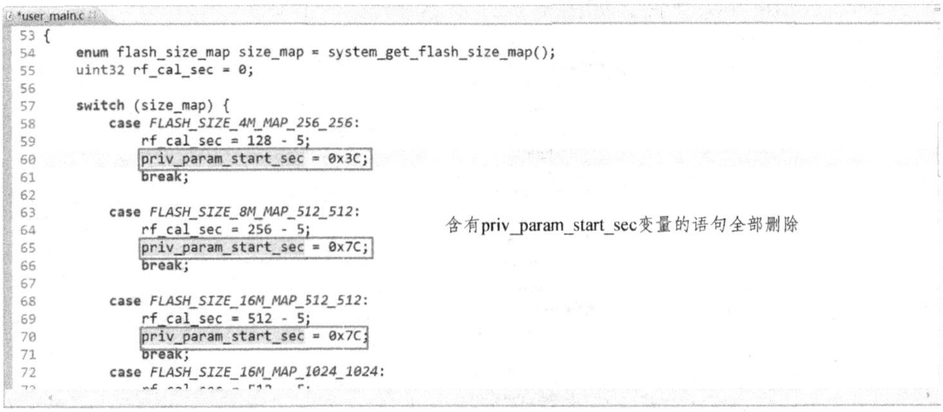

图 1-2-24　变量赋值语句删除

（11）接着将 user_rf_pre_init(void)、user_init(void) 这两个函数保留，将 user_init(void) 函数清空，如图 1-2-25 所示。

```
void ICACHE_FLASH_ATTR
user_rf_pre_init(void)
{
}
/*******************************************************************
 * FunctionName : user_init
 * Description  : entry of user application, init user function here
 * Parameters   : none
 * Returns      : none
*******************************************************************/
void ICACHE_FLASH_ATTR
user_init(void)
{
    清空
}
```

图 1-2-25　清空初始化函数

（12）将 user 文件夹下的其他 C 文件都删掉，注意不要误删 Makefile，如图 1-2-26 所示。

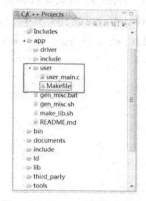

图 1-2-26　user 文件夹配置

（13）在 App 中的 driver 文件夹下存放外设相关的 C 文件，而在 include 中的 driver 文件夹下存放外设相关的头文件。这些外设程序在 SDK 工程模板当中都用不到，所以暂时把它删除。之后如果想使用的话，只需要将其 C 和头文件复制到对应的文件夹当中。删除时注意 driver 文件夹下的 Makefile 不要误删，include 文件夹下的头文件全部删掉，SSL 连文件夹一起删掉，然后只保留 user_config.h 头文件，如图 1-2-27 所示。

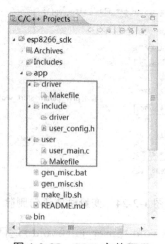

图 1-2-27　SDK 文件配置

（14）user_config.h 头文件是用来定义用户的一些参数或者宏定义等，是作 C 文件和头文件索引用，文件保留，内容如图 1-2-28 所示。

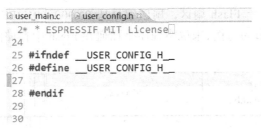

图 1-2-28　user_config.h 头文件设置

（15）接下来编译 SDK 工程模板，清除工程，编译工程，可以看到编译成功。这说明 SDK 工程模板已经创建成功了，如图 1-2-29 所示。

图 1-2-29　SDK 工程模板

2.1.5　ESP8266 程序下载

当工程编译完成，打开 bin 文件夹，看到 bin 文件夹下有很多的文件，如图 1-2-30 所示。那么我们该烧录哪些文件呢？又该如何将编译之后的文件烧录到 8266 外部 Flash 当中呢？

图 1-2-30　二进制 bin 文件

1. Flash 的布局图

ESP8266 核心电路模组是用外部 Flash 存储程序的，大小只有 4 MB，也就是 4096 KB，或 32 Mb。每 4 KB 是一个 Flash 扇区，扇区编号从 0X000～0X3FF。现在以 non-FOTA（不支持云端升级）的 Flash 布局为例，来说明程序是如何在 Flash 中存储的。Flash 布局如图 1-2-31 所示。

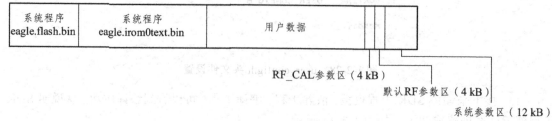

图 1-2-31　non-FOTA Flash 布局图

是从 0X000000 开始到 0X3FFFFF 结束，共分为六个部分，这六个部分如下：

系统程序（eagle.Flash.bin）：它是用来存放运行系统必要的固件。

系统程序（eagle.irom0text.bin）：用来存放的是用户编写的程序。

用户数据：用来存放用户的一些参数或者数据等。

RF_CAL 参数区：保存校准之后的射频参数。

默认 RF 参数区：用来存放默认的射频参数。

系统参数区：用来存放系统参数。

接下来我们编译一下工程。

2. Flash 固件下载地址

在乐鑫提供的 SDK 入门指南中，说明了 ESP8266 Firmware（FW）是一些可直接下载到 ESP8266 HDK 中的 BIN 文件。通过表 1-2-1 可知，Non-FOTA（不支持云端升级）的 Flash 需要烧录的，分别是 esp_init_data_default.bin、blank.bin、eagle.flFlash.bin、eagle.irom0text.bin 四个文件。

表 1-2-1　ESP8266 FW

文件列表	是否必选	说明	Non-FOTA	FOTA
esp_init_data_default.bin	必选	初始化射频参数，在 SDK 根目录中提供	√	√
blank.bin	必选	初始化射频参数，在 SDK 根目录中提供	√	√
eagle.flFlash.bin	必选	主程序，编译代码生成	√	×
eagle.irom0text.bin	必选	主程序，编译代码生成	√	×
boot.bin	必选	Bootloader，在 SDK 根目录中提供	×	√
user1.bin	初次使用必选	主程序，编译代码生成	×	√
user2.bin	升级时使用	主程序，编译代码生成	×	√

虽然确定了这四个文件,但该烧录到外部 Flash1 当中的哪个地址呢？SDK 入门指南给出了答案,如表 1-2-2 所示。

表 1-2-2 Non-FOTA 的下载地址（单位：KB）

BIN	各个 Flash 容量对应的下载地址					
	512	1024	2048	4096	8192	16*1024
blank.bin	0x7B000	0xFB000	0x1FB000	0x3FB000	0x7FB000	0xFFB000
esp_init_data_default.bin	0x7C000	0xFC000	0x1FC000	0x3FC000	0x7FC000	0xFFC000
blank.bin	0x7E000	0xFE000	0x1FE000	0x3FE000	0x7FE000	0xFFE000
eagle.flash.bin	0x00000					
eagle.irom0text.bin	0x10000					

ESP8266 核心电路模组的外部 Flash 则是 4096 KB，故按照表 1-2-2 所对应地址来下载。

3. 固件下载

（1）选择下载工具 Flash_download_tools 并打开，如图 1-2-32 所示。

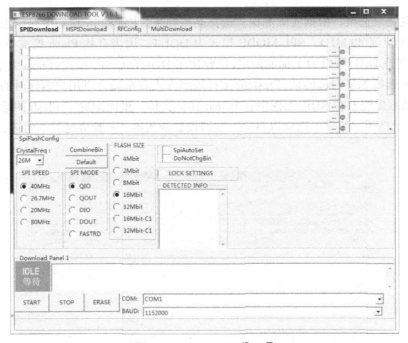

图 1-2-32 Flash 下载工具

（2）选择需要下载的二进制文件，并设置到相应的下载地址，如表 1-2-2 所示。将系统程序放到 0X000000 地址处下载，将用户程序下载到 0X10000，将 blank.bin 放到 0X3FB000 下载，下载默认的射频参数到 0X3FC000，最后将 blank.bin 下载到 0X3F1000，文件选择完毕，地址设置完毕后，勾选生效，如图 1-2-33 所示。

图 1-2-33　bin 文件下载及地址设置

（3）设置烧录选项，根据实际晶振，选择晶振频率。ESP8266 核心电路模组外部晶振是 26 MHz，SPA 速度 40 MHz，SPI MODE 模式为 DOUT，因为有些 Flash 既支持 QIO 又支持 QOUT，但不支持 DIO，所以为了都能使用，推荐使用 DOUT 的 SPI 模式。Flash 大小为 32 MB，DoNotChgBin 选项如果勾选的话，Flash 的运行频率方式和布局会以用户编译时的配置选项为准。这是什么意思呢？在 SDK 工程中有个 makefile 文件，里面配置了 Flash 的运行频率等信息，勾选就以此为准，如果不选就以目前下载器设置的为准，一般情况下不勾选，如图 1-2-34 所示。

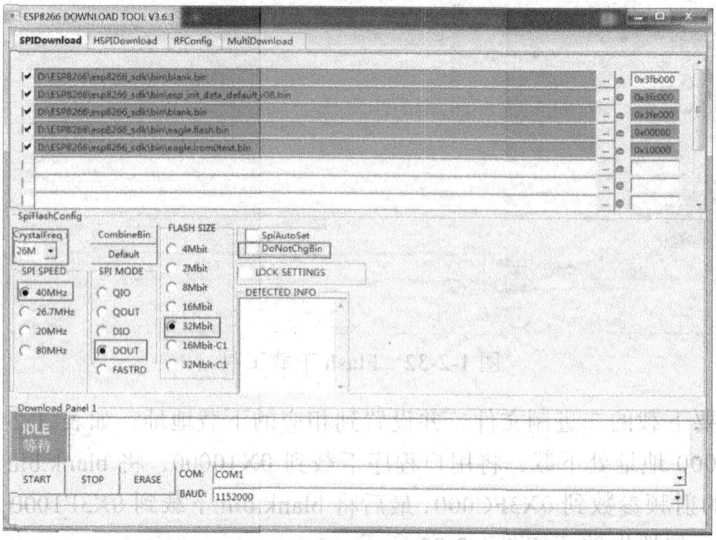

图 1-2-34　烧录参数设置

（4）烧录文件到 Flash 当中，选择 8266 对应的串口。波特率可以自行选择，一般是用 1152000 下载的速度比较快，之后点击开始下载，如图 1-2-35 所示。

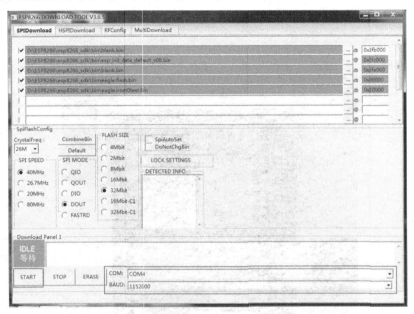

图 1-2-35　下载设置

（5）8266 两种下载模式：

GPIO0=1、GPIO1=1、GPIO5=0 的时候是程序运行模式；

GPIO0=0、GPIO1=1、GPIO5=0 的时候是串口下载模式。

如果用户想下载程序到 8266 中的外部 Flash 的话，GPIO0 与 GPIO5 拉低，也就需要按下 BOOT。具体操作为首先要按下 BOOT，然后按下 RESET，接着松开 RESET，但不要松开 BOOT，最后松开 RESET，等一两秒再松开 BOOT，如图 1-2-36 所示。

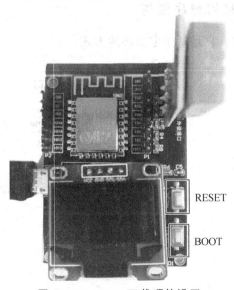

图 1-2-36　8266 下载硬件设置

（6）程序下载完成后，按下开发板上的"RESET"，如图 1-2-37 所示，程序正常运行，为了方便演示，这里运行的是温度和显示程序。

图 1-2-37　试验结果

2.1.6　ESP8266 编程的程序架构

对于普通单片机的程序，它是基于主循环的方式：
Main.c 文件
```
int main(void)                        //主程序入口
{
    初始化…;                          //IO 口、定时器、设置中断…
    while(1)
    {
        …                             //主循环，完成程序功能
    }
    return 0;
}

Void xxx_IRQHandler(void)             //中断函数
```

```
{
    ...                                 //执行中断处理
}
```

ESP8266 的 SDK 编程则是基于内核回调的方式：

user_main.C 文件

```
void user_init(void)                    //ESP8266 内核为用户提供初始化接口
{
    初始化…                             //IO 口、定时器、设置中断…
}
```

用户看不见，不能修改

```
{
    内核初始化…
    user_init();                        //执行用户的应用功能初始化
    while(1)                            //类似于主循环
    {
        执行内核功能…
        执行用户功能…                   //如：用户在初始化中设定了 1 s 定时，那定时器
                                        就在这开始计时
    }
}
```

回调函数   //当满足某条件时，内核调用这些回调函数

```
void xxx_cd(void)                       //如：这是 1s 定时器的回调函数，当内核完成 1s
                                        //计时，就会调用此函数
{
    LED 灯闪烁；                        //此函数中用户让 LED 以 2 s 频率闪烁
}
```

任务函数   //当安排了任务时，在系统空闲，内核会调用任务函数

```
void xxx_Task(void)
{
    ...
}
```

中断函数

```
Void xxx_IRQHandler(void)               //触发中断时，执行中断函数
{
    ...                                 //执行中断处理
}
```

回到我们的 8266 物联网平台，它所有网络功能均在库中实现，对用户不透明，用户应用

的初始化功能可以在 user_main.C 中实现。而 user_init 函数是上层程序的入口函数，给用户提供了一个初始化的接口，用户可以在这个函数中增加硬件初始化网络参数、设置定时器初始化等功能。

对于 SDK 编程，我们使用四种类型的函数：

（1）应用函数。应用函数类似于嵌入式 C 编程中常用的 C 函数。

（2）回调函数。当某系统事件发生时，相应的回调函数就会被内核调用执行。

（3）中断服务程序。与单片机编程一样。

（4）用户任务函数。当内核空闲的时候，如果安排了任务，就会调用该函数。

SDK 程序架构大家可能不是很明白，不过没关系。在这里只是先进行基本的了解，随着学习的深入，再回头看一下这一节内容，就会有一种豁然开朗的感觉。

2.2 GPIO 设计

2.2.1 点亮一个 LED

发光二极管（LED）具有单向导电性，通过 5 mA 左右电流即可发光，电流越大，其亮度越强，但若电流过大，会烧毁二极管，一般我们控制在 3～20 mA。如图 1-2-38 所示，给发光二极管串联一个电阻，其目的就是为了限制通过发光二极管的电流过大，因此这个电阻又称为"限流电阻"。当发光二极管发光时，测量它两端电压约为 0.5 V，这个电压又叫作发光二极管的"导通压降"。如何确定电阻的大小呢？欧姆定律想必大家都清楚，$U = IR$，当发光二极管正常导通时，其两端电压约为 1.7 V，发光管的阴极为低电平，即 0 V，阳极串接一电阻，电阻的另一端为 Vc，为 3.3 V，因此加在电阻两端的电压为 3.3 V – 0.5 V = 2.8 V，计算穿过电阻的电流，1.6 V/10 000 Ω = 2.8 mA，即穿过发光管的电流也为 1.6 mA，若想让发光管再亮一些，可以适当减小该电阻。

有了前面的基础知识，接下来就通过设置 8266 的 GPIO 端口输出模式，点亮开发板的 LED，来学习 SDK 编程与 GPIO 的设计。

开发板按键/指示灯原理图如图 1-2-38 所示。LED 的阳极串联电阻接到 3.3 V，LED 的阴极接到 GPIO4，当 GPIO4 输出高电平时，LED 不亮；当 GPIO4 输出低电平时，LED 亮。

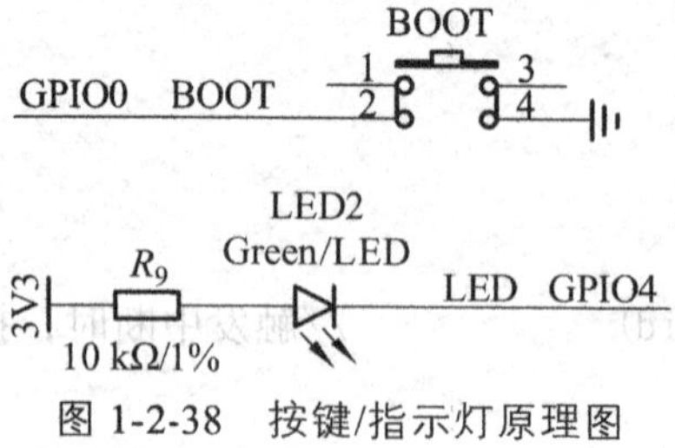

图 1-2-38　按键/指示灯原理图

由原理图可知，只需要做两件事，一是将 GPIO4 设置为 IO 口，二是输出低电平，就能点亮 LED 灯。

打开 IDE 软件，在前面设置好的模板中编程。根据官方提供的 PAI 参考手册，在外设接口章节（P136 页）我们知道，GPIO 有两个供用户使用的头文件，eagle_soc.h 和 gpio.h。故在模板程序中我们首先添加头文件，如图 1-2-39 所示。

```c
  user_main.c
1 #include "ets_sys.h"
2 #include "osapi.h"
3 #include "user_interface.h"
4
5 #include "eagle_soc.h"
6 #include "gpio.h"                    // GPIO头文件
7 user_rf_cal_sector_set(void)
8 {
9     enum flash_size_map size_map = system_get_flash_size_map();
10    uint32 rf_cal_sec = 0;
11
12    switch (size_map) {
13        case FLASH_SIZE_4M_MAP_256_256:
14            rf_cal_sec = 128 - 5;
15            break;
16
17        case FLASH_SIZE_8M_MAP_512_512:
18            rf_cal_sec = 256 - 5;
19            break;
```

图 1-2-39 添加 GPIO 头文件

这样我们就可以在为用户提供初始化接口的函数处进行编程，在单片机的学习中知道了单片机的部分引脚为复用引脚，这里也不例外，而且更加复杂。由表 1-2-3 可知，ESP8266 引脚有 2~5 个功能，而我们只会用其中的 IO 功能，所以程序先要选择 GPIO4 的引脚功能。

表 1-2-3 ESP8266 引脚清单

PAD Name	Inst Name	Pull up/ Pull down type	Function1	Type	Function2	Type	Function3	Type	Function4	Type	Function5	Type	At Reset	After Reset
MTDI	MTDI_U	Pull up	MTDI	I	I2SI_DATA	I/O/T	HSPIQ MISO	I/O/T	GPIO12	I/O/T	U0DTR	O	oe=0, wpu	wpu
MTCK	MTCK_U	Pull up	MTCK	I	I2SI_BCK	I/O/T	HSPID MOSI	I/O/T	GPIO13	I/O/T	U0CTS	I	oe=0, wpu	wpu
MTMS	MTMS_U	Pull up	MTMS	I	I2SI_WS	I/O/T	HSPICLK	I/O/T	GPIO14	I/O/T	U0DSR	I	oe=0, wpu	wpu
MTDO	MTDO_U	Pull up	MTDO	O/T	I2SO_BCK	I/O/T	HSPICS	I/O/T	GPIO15	I/O/T	U0RTS	O	oe=0, wpu	wpu
U0RXD	U0RXD_U	Pull up	U0RXD	I	I2SO_DATA	I/O/T		O	GPIO3	I/O/T	CLK_XTAL	O	oe=0, wpu	wpu
U0TXD	U0TXD_U	Pull up	U0TXD	O	SPICS1	I/O/T		O	GPIO1	I/O/T	CLK_RTC	O	oe=0, wpu	wpu
SDIO_CLK	SD_CLK_U	Pull up	SD_CLK		SPICLK			O	GPIO6	I/O/T	U1CTS	I	oe=0	
SDIO_DATA_0	SD_DATA0_U	Pull up	SD_DATA0	I/O/T	SPIQ			O	GPIO7	I/O/T	U1TXD	O	oe=0	
SDIO_DATA_1	SD_DATA1_U	Pull up	SD_DATA1	I/O/T	SPID			O	GPIO8	I/O/T	U1RXD	I	oe=0	
SDIO_DATA_2	SD_DATA2_U	Pull up	SD_DATA2	I/O/T	SPIHD			O	GPIO9	I/O/T	HSPIHD	I/O/T	oe=0	
SDIO_DATA_3	SD_DATA3_U	Pull up	SD_DATA3	I/O/T	SPIWP			O	GPIO10	I/O/T	HSPIWP	I/O/T	oe=0	
SDIO_CMD	SD_CMD_U	Pull up	SD_CMD		SPICS0			O	GPIO11	I/O/T	U1RTS	O	oe=0	
GPIO0	GPIO0_U	Pull up	GPIO0	I/O/T	SPICS2	I/O/T				I/O/T	CLK_OUT	O	oe=0, wpu	wpu
GPIO2	GPIO2_U	Pull up	GPIO2	I/O/T	I2SO_WS	I/O/T	U1TXD			I/O/T	U0TXD	O	oe=0, wpu	wpu
GPIO4	GPIO4_U	Pull up	GPIO4	I/O/T	CLK_XTAL								oe=0	
GPIO5	GPIO5_U	Pull up	GPIO5	I/O/T	CLK_RTC								oe=0	
XPD_DCDC	XPD_DCDC	Pull down	XPD_DCDC	O	RTC_GPIO0	I/O/T	EXT_WAKEUP	I	DEEPSLEEP		ANT_SWITCH_BIT0	O	oe=1,wpd	oe=1,w

在 API 参考手册中提供了 PIN_FUNC_SELECT（PIN_NAME， FUNC）函数来选择引脚功能。我们只需要填写 PIN_NAME 与 FUNC 两个参数，就能达到控制引脚功能的目的。参数的填写方法如图 1-2-40 所示。

```
258 #define PERIPHS_IO_MUX_GPIO2_U          (PERIPHS_IO_MUX + 0x38)
259 #define FUNC_GPIO2                      0
260 #define FUNC_U1TXD_BK                   2
261 #define FUNC_U0TXD_BK                   4
262 #define PERIPHS_IO_MUX_GPIO4_U          (PERIPHS_IO_MUX + 0x3C)
263 #define FUNC_GPIO4                      0
264 #define PERIPHS_IO_MUX_GPIO5_U          (PERIPHS_IO_MUX + 0x40)
265 #define FUNC_GPIO5                      0
266
267 #define PIN_PULLUP_DIS(PIN_NAME)        CLEAR_PERI_REG_MASK(PIN_NAME, PERIPHS_IO_MUX_PULLUP)
268 #define PIN_PULLUP_EN(PIN_NAME)         SET_PERI_REG_MASK(PIN_NAME, PERIPHS_IO_MUX_PULLUP)
269
270 #define PIN_FUNC_SELECT(PIN_NAME, FUNC) do { \
271     WRITE_PERI_REG(PIN_NAME, \
272                     (READ_PERI_REG(PIN_NAME) \
273                     & (~(PERIPHS_IO_MUX_FUNC<<PERIPHS_IO_MUX_FUNC_S))) \
274                     |( (((FUNC&BIT2)<<2)|(FUNC&0x3))<<PERIPHS_IO_MUX_FUNC_S) ); \
275 } while (0)
```

图 1-2-40 eagle_soc.h（部分）

PIN_NAME 需要我们填写 GPIO4 引脚的物理地址，是多少呢？头文件的宏定义已经说明了，是 PERIPHS_IO_MUX + 0x3C，PERIPHS_IO_MUX 又是多少呢？在头文件的前面有描述，为 0x60000800。所以计算机就知道了 GPIO4 的物理地址，而用户不需要去计算地址，只需要输入 PERIPHS_IO_MUX_GPIO4_U 就行了。

FUNC 要求我们选择其引脚功能，通过表 1-2-3 可知，GPIO4 引脚的 IO 功能为功能 1，但根据计算机编程习惯，是从 0 开始计数，所以给 FUNC 赋 0 即可。根据宏定义#define FUNC_GPIO4 0，引脚功能选择语句就为：

PIN_FUNC_SELECT（PERIPHS_IO_MUX_GPIO4_U，FUNC_GPIO4）；

功能选择好了后，我们就要给引脚一个低电平，在 API 参考手册中，提供了 GPIO_OUTPUT_SET（gpio_no，bit_value）函数。gpio_no 为引脚序号，而 bit_value 则为高低电平。引脚赋值语句为：

GPIO_OUTPUT_SET（4，0）

根据宏定义为：

GPIO_OUTPUT_SET（GPIO_ID_PIN（4），0）

最终初始化接口的函数为：

```
user_init(void)
{

    PIN_FUNC_SELECT(PERIPHS_IO_MUX_GPIO4_U, FUNC_GPIO4);

    while(1)
    {
        GPIO_OUTPUT_SET(GPIO_ID_PIN(4),0);
    }
}
```

【程序 1.2.1】点亮一个 LED 灯。

```
#include "ets_sys.h"
#include "osAPi.h"
#include "user_interface.h"          //SDK 编程头文件
```

```c
#include "eagle_soc.h"
#include "gpio.h"                    // GPIO 头文件
user_rf_cal_sector_set(void)
{
    enum Flash_size_mAP size_mAP = system_get_Flash_size_mAP();
    uint32 rf_cal_sec = 0;

    switch (size_mAP) {
        case Flash_SIZE_4M_MAP_256_256:
            rf_cal_sec = 128 - 5;
            break;

        case Flash_SIZE_8M_MAP_512_512:
            rf_cal_sec = 256 - 5;
            break;

        case Flash_SIZE_16M_MAP_512_512:
            rf_cal_sec = 512 - 5;
            break;
        case Flash_SIZE_16M_MAP_1024_1024:
            rf_cal_sec = 512 - 5;
            break;

        case Flash_SIZE_32M_MAP_512_512:
            rf_cal_sec = 1024 - 5;
            break;
        case Flash_SIZE_32M_MAP_1024_1024:
            rf_cal_sec = 1024 - 5;
            break;

        case Flash_SIZE_64M_MAP_1024_1024:
            rf_cal_sec = 2048 - 5;
            break;
        case Flash_SIZE_128M_MAP_1024_1024:
            rf_cal_sec = 4096 - 5;
            break;
        default:
            rf_cal_sec = 0;
```

```
        break;
    }
    return rf_cal_sec;
}
void ICACHE_Flash_ATTR
user_rf_pre_init(void)
{
}
void ICACHE_Flash_ATTR
user_init(void)                                    //用户初始化接口
{
    PIN_FUNC_SELECT(PERIPHS_IO_MUX_GPIO4_U, FUNC_GPIO4);//GPIO 功能设置
    while(1)
    {
        GPIO_OUTPUT_SET(GPIO_ID_PIN(4),0);         //GPIO 输出设置
    }
}
```

执行程序，选择好串口，烧录程序，LED 点亮，如图 1-2-41 所示。

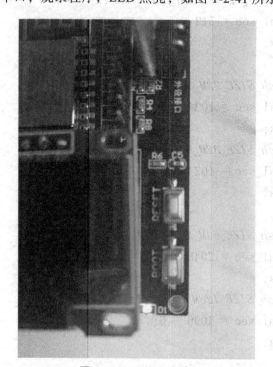

图 1-2-41　LED 点亮

2.2.2 LED 闪烁

上一节学习了如何点亮一个 LED 灯，利用了 SDK 编程以及 API，知道了新的程序运行方式——内核调用。后面的程序编写我们也将利用 API 接口与内核调用进行编程。所以用户在学习以及开发 ESP8266 的过程中要尽可能地熟悉 API 参考手册。

想要实现 LED 的闪烁，在单片机中只需要一个延时函数就可以实现，那 ESP8266API 给我们提供了延时函数了吗？答案是肯定的。在系统接口中，它提供了 os_delay_us 函数，如表 1-2-4 所示。

表 1-2-4 os_delay_us

功能	延时函数。最大值 65 535 μs
函数定义	void os_delay_us（uint16 us）
参数	uint16 us：延时时间
返回	无

这是一个微秒延时函数，参数最大值是 65 355，也就是说最多延时 65 355 ns。通过此函数可以自行设计一个毫秒级的函数 delay_ms，如：

```
void ICACHE_Flash_ATTR delay_ms(u32 C_time)
{
    for(;C_time>0;C_time--)
        { os_delay_us(1000);}
}
```

u32 C_time 可以在头文件里查到，如图 1-2-42 所示。

```
43  typedef unsigned char          uint8;
44  typedef unsigned char          u8;
45  typedef signed char            sint8;
46  typedef signed char            int8;
47  typedef signed char            s8;
48  typedef unsigned short         uint16;
49  typedef unsigned short         u16;
50  typedef signed short           sint16;
51  typedef signed short           s16;
52  typedef unsigned int           uint32;
53  typedef unsigned int           u_int;
54  typedef unsigned int           u32;
55  typedef signed int             sint32;
56  typedef signed int             s32;
57  typedef int                    int32;
58  typedef signed long long       sint64;
59  typedef unsigned long long     uint64;
60  typedef unsigned long long     u64;
61  typedef float                  real32;
62  typedef double                 real64;
```

图 1-2-42 c_types.h 头文件

通过头文件翻译过来就是 unsigned int C_time，这就变成了 C 语言中最简单的变量声明，接下来只需给变量 C_time 赋值，而且赋多少就是多少毫秒，参数 C_time 最大值也是 65535。这样就很方便用户的编程。

【程序 1.2.2】让 LED 每隔 300 ms 闪烁一次，我们将 delay_ms（u32 C_time）函数中的 C_time 改为 300，程序如下：

```
#include "ets_sys.h"
#include "osAPi.h"
#include "user_interface.h"        //SDK 编程头文件

#include "eagle_soc.h"
#include "gpio.h"                  // GPIO 头文件
user_rf_cal_sector_set(void)
{
    enum Flash_size_mAP size_mAP = system_get_Flash_size_mAP();
    uint32 rf_cal_sec = 0;

    switch (size_mAP) {
        case Flash_SIZE_4M_MAP_256_256:
            rf_cal_sec = 128 - 5;
            break;

        case Flash_SIZE_8M_MAP_512_512:
            rf_cal_sec = 256 - 5;
            break;

        case Flash_SIZE_16M_MAP_512_512:
            rf_cal_sec = 512 - 5;
            break;

        case Flash_SIZE_16M_MAP_1024_1024:
            rf_cal_sec = 512 - 5;
            break;

        case Flash_SIZE_32M_MAP_512_512:
            rf_cal_sec = 1024 - 5;
```

```
            break;
        case Flash_SIZE_32M_MAP_1024_1024:
            rf_cal_sec = 1024 - 5;
            break;

        case Flash_SIZE_64M_MAP_1024_1024:
            rf_cal_sec = 2048 - 5;
            break;
        case Flash_SIZE_128M_MAP_1024_1024:
            rf_cal_sec = 4096 - 5;
            break;
        default:
            rf_cal_sec = 0;
            break;
    }

    return rf_cal_sec;
}
void ICACHE_Flash_ATTR
user_rf_pre_init(void)
{
}
void ICACHE_Flash_ATTR                              //延时子函数
delay_ms(u32 C_time)
{   for(;C_time>0;C_time--)
    { os_delay_us(1000);}                           //延时 API
}
void ICACHE_Flash_ATTR                              //用户初始化接口
user_init(void)
{
        PIN_FUNC_SELECT(PERIPHS_IO_MUX_GPIO4_U, FUNC_GPIO4);//GPIO 功能设置
        while(1)
        {
            delay_ms(300);                          //延时 300 ms
```

```
            GPIO_OUTPUT_SET(GPIO_ID_PIN(4),0);        //GPIO输出设置为低电平
            delay_ms(300);
            GPIO_OUTPUT_SET(GPIO_ID_PIN(4),1);        //GPIO输出设置为高电平
        }
    }
```

注意：os_delay_us（uint16 us）函数为系统函数，头文件已经加载，所以不用重新添加头文件。

将程序下载到开发板上，可以看见 LDE 灯先亮 300 ms，再灭 300 ms，如此循环闪烁。

2.2.3 按键控制 LED

按键是在日常生活中最常用的输入设备，通常用到的按键是机械弹性开关。当开关闭合时，线路导通；当开关断开时，线路断开。按键与核心电路模组的连接方法非常简单，模组的 IO 端直接与按键相连。比如开发板模组 GPIO0 就直接连接外围输入按键 BOOT，如图 1-2-43 所示。而检测按键的原理与单片机原理是一样的，当检测按键时 GPIO 用的是它的输入功能，把按键的一端接地，另一端与模组的某个 GPIO 口相连，开始时先给该 I/O 口赋一高电平，然后让 8266 不断地检测该 I/O 口是否变为低电平，当按键闭合时，即相当于该口通过按键与地相连，变成低电平，程序一旦检测到 I/O 口变为低电平则说明按键被按下，然后执行相应的指令。

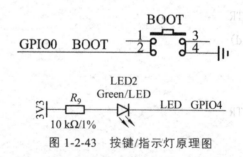

图 1-2-43 按键/指示灯原理图

由图 1-2-44 可知，引入按键控制，只需完成两点：

（1）将 GPIO0 设置为输入模式，检测外部事件。我们要选择 GPIO0 口为 IO 模式，就要用到 PIN_FUNC_SELECT（PIN_NAME，FUNC）函数，其中 PIN_NAM 参数填写 PERIPHS_IO_MUX_GPIO0_U，以确定其引脚；FUNC 参数通过表 1-2-3 可知，填写 FUNC_GPIO4。到这里只是设置了 GPIO0 为 IO 模式，而我们需要的是 0 口为输入模式，所以还要将 4 口指定为输入模式。这里又要用到了 GPIO_DIS_OUTPUT(gpio_no)函数，gpio_no 参数通过上一节我们知道就是引脚号，这里就填写 GPIO_ID_PIN（0）。这样一来，GPIO0 的功能就设置好了，选择 IO 模式中的输入。接着我们就要确定 GPIO0 的上拉状态（有不清楚的同学翻看单片机相关的章节，这里就不细讲）了，通过图 1-2-44 可知，GPIO0 外接了一个电阻 R_3 来进行电源上拉，所以要将 GPIO0 内部默认的上拉高电平状态取消。

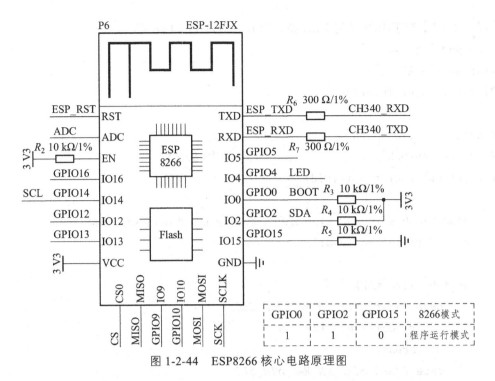

图 1-2-44 ESP8266 核心电路原理图

通过 API 参考手册，我们知道上拉取消需要 PIN_PULLUP_DIS（PIN_NAME）函数。最终 GPIO0 的所有设置就完成了，如图 1-2-45 所示。

```
PIN_FUNC_SELECT(PERIPHS_IO_MUX_GPIO0_U, FUNC_GPIO0);   // GPIO_0设为IO口
GPIO_DIS_OUTPUT(GPIO_ID_PIN(0));                        // GPIO_0输入(默认为输出)
PIN_PULLUP_DIS(PERIPHS_IO_MUX_GPIO0_U);                 // GPIO_0内部屏蔽上拉(默认为上拉使能)
```

图 1-2-45 GPIO0 输入模式设置

（2）判断外部是否触发按键。首先我们要能读取 GPIO0 的引脚电平状态，通过查阅 API 手册，我们查找到了 GPIO_INPUT_GET（gpio_no）函数，这样就能很方便地获取 GPIO0 的状态了，程序如图 1-2-46 所示。

```
54  void ICACHE_FLASH_ATTR
55  user_init(void)
56  {
57      PIN_FUNC_SELECT(PERIPHS_IO_MUX_GPIO4_U, FUNC_GPIO4);
58
59      PIN_FUNC_SELECT(PERIPHS_IO_MUX_GPIO0_U, FUNC_GPIO0);   // GPIO_0设为IO口
60      GPIO_DIS_OUTPUT(GPIO_ID_PIN(0));                        // GPIO_0输入(默认为输出)
61      PIN_PULLUP_DIS(PERIPHS_IO_MUX_GPIO0_U);                 // GPIO_0内部屏蔽上拉(默认为上拉使能)
62
63      while(1)
64      {
65          if( GPIO_INPUT_GET(GPIO_ID_PIN(0)) == 0 )           // 读取GPIO_0电平
66              GPIO_OUTPUT_SET(GPIO_ID_PIN(4),0);
67          else
68              GPIO_OUTPUT_SET(GPIO_ID_PIN(4),1);
69      }
70
71  }
```

图 1-2-46 user_init（void）程序

【程序 1.2.3】按下 BOOT 键 LED 亮，松开 BOOT 键 LED 灭。

```c
#include "ets_sys.h"
#include "osAPi.h"
#include "user_interface.h"

#include "eagle_soc.h"
#include "gpio.h"                    // GPIO 头文件
user_rf_cal_sector_set(void)
{
    enum Flash_size_mAP size_mAP = system_get_Flash_size_mAP();
    uint32 rf_cal_sec = 0;

    switch (size_mAP) {
        case Flash_SIZE_4M_MAP_256_256:
            rf_cal_sec = 128 - 5;
            break;
        case Flash_SIZE_8M_MAP_512_512:
            rf_cal_sec = 256 - 5;
            break;
        case Flash_SIZE_16M_MAP_512_512:
            rf_cal_sec = 512 - 5;
            break;
        case Flash_SIZE_16M_MAP_1024_1024:
            rf_cal_sec = 512 - 5;
            break;
        case Flash_SIZE_32M_MAP_512_512:
            rf_cal_sec = 1024 - 5;
            break;
        case Flash_SIZE_32M_MAP_1024_1024:
            rf_cal_sec = 1024 - 5;
            break;
        case Flash_SIZE_64M_MAP_1024_1024:
            rf_cal_sec = 2048 - 5;
            break;
        case Flash_SIZE_128M_MAP_1024_1024:
            rf_cal_sec = 4096 - 5;
            break;
        default:
```

```c
            rf_cal_sec = 0;
            break;
    }
    return rf_cal_sec;
}

void ICACHE_Flash_ATTR
user_rf_pre_init(void)
{
}

void ICACHE_Flash_ATTR
user_init(void)
{
    PIN_FUNC_SELECT(PERIPHS_IO_MUX_GPIO4_U, FUNC_GPIO4);

    PIN_FUNC_SELECT(PERIPHS_IO_MUX_GPIO0_U, FUNC_GPIO0);//GPIO_0 设为 IO 口
        GPIO_DIS_OUTPUT(GPIO_ID_PIN(0));          //GPIO_0 输入(默认为输出)
    PIN_PULLUP_DIS(PERIPHS_IO_MUX_GPIO0_U);        //GPIO_0 内部屏蔽上拉
                                                   (默认为上拉使能 )
        while(1)
        {
            if( GPIO_INPUT_GET(GPIO_ID_PIN(0)) == 0 )    //读取 GPIO_0 电平
                GPIO_OUTPUT_SET(GPIO_ID_PIN(4),0);
            else
                GPIO_OUTPUT_SET(GPIO_ID_PIN(4),1);
        }

}
```

上面的程序是没有加软件防抖的, 同学们可以利用单片机的相关知识, 加上防抖程序。唯有多练习、多实践才是学好 ESP8266 的唯一途径。

第 3 章　物联网网络体系结构及通信接口设计

3.1　计算机网络

物联网的首要任务就是将设备接入到互联网当中，那么我们在学习物联网的时候，不可避免地要涉及许多的网络知识。

3.1.1　网络体系结构

在计算机网络体系结构中，有理论标准的 OSI 的七层协议，也有以事实为标准的 TCP/IP 的四层协议，还有为了方便大家学习的五层协议的体系结构，如图 1-3-1 所示。

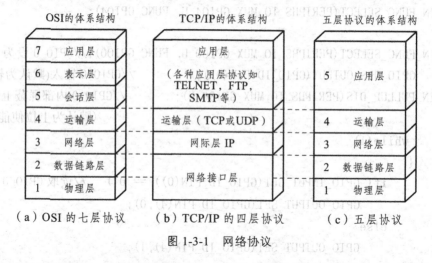

图 1-3-1　网络协议

下面介绍五层协议。五层协议由下到上依次为物理层、数据链路层、网络层、运输层和应用层。下面介绍每一层的作用。

（1）物理层：所传输的数据单位为比特，它是解决怎样才能在连接计算机的传输媒体上（双绞线、光纤、无线电波）传输比特流。

（2）数据链路层：把网络层交下来的数据构成帧发送到链路上，以及把接收到的帧中数据取出上交给网络层。在两个相邻结点之间传输数据时数据链路层将网络层交下来的 IP 数据报组装成帧，在相邻结点间的链路上传送。

（3）网络层：负责为分组交换网上的不同主机提供通信服务。我们所熟悉的 IP 协议就属于网络层。在发送数据时，网络层把运输层产生的报文段或用户数据报封装成分组或包进行传送。在 TCP/IP 体系中，由于网络层使用 IP 协议，因此分组也叫作 IP 数据报，或简称为数据报。注意：不要将运输层的"用户数据报 UDP"和网络层的"IP 数据报"混淆。

（4）运输层：负责向两台主机进程之间的通信，提供通用的数据传输服务。我们所熟悉的 TCP 协议就属于运输层。

运输层主要使用以下两种协议：

① 传输控制协议 TCP　提供面向连接的、可靠的数据传输服务，其数据传输的单位是报文段。

② 用户数据报协议 UDP　一提供无连接的、尽最大努力的数据传输服务（不保证数据传输的可靠性），其数据传输的单位是用户数据报。

（5）应用层：通过应用进程间的交互来完成特定网络应用，是体系结构中的最高层。应用层协议定义的是应用进程间通信和交互的规则，这里的进程就是指主机中正在运行的程序，对于不同的网络应用需要有不同的应用层协议。在互联网中的应用层协议很多，如域名系统 DNS，支持万维网应用的 HTTP 协议，支持电子邮件的 SMTP 协议，等等。我们把应用层交互的数据单元称为报文。

有些同学还不太清楚网络的分层，在这里做一个比喻。假设你在网上准备网购一本书，首先在网站上选好下单，这个就是类似于应用层；然后卖家通过订单找到货品包装通知快递发货，卖家在这进行了第一次封装，这就类似于运输层；紧接着快递公司在自己的网点进行分装，再次包装成自己公司的包装并贴上自己的 LOGO，然后交给下一级，这就类似于数据链路层；最后通过快递网，如飞机、火车、汽车等把快递送出去，这就相当于物理层。经过这样的流程最终我们收到了快递。

3.1.2　无线网络 WiFi

在我们日常生活中经常接触到 WiFi，但 WiFi 是什么呢？我们将计算机网络中凡是使用 802.11 系列协议的局域网称为 WiFi。而 802.11 是无线以太网标准，使用星形拓扑结构，其中心叫作接入点 AP，在 MAC 层使用的是 CSMA/CA 协议，WiFi 的最小构件是基本服务集（BSS），包括一个基站和若干移动站。基站就是接入点 AP，移动站就是 STA。这里我们需注意，必须为基本服务及当中的 AP 分配一个服务集标志符 SSID 和一个通信信道，这里的服务集标志符，也就是我们平时所说的 WiFi 名称。

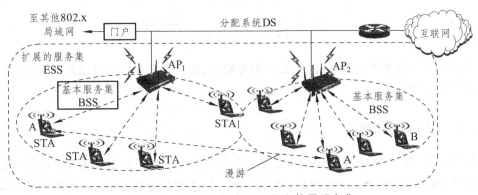

图 1-3-2　802.11 基本服务集和扩展服务集

如图 1-3-2 所示，椭圆虚线范围中的就是一个基本服务，可以看到它使用的是星形拓扑，拓扑中心叫接入点 AP，与 AP 相连的主机叫作 STA，一般情况下，AP 可以在空间范围当中创建一个 WiFi 区域，在此区域的 STA 可以加入 WiFi，也就是连接上这个 AP。也就是说一个移动 STA 如果要加入一个基本服务即 WiFi 中，就必须选择一个接入点 AP，并与此接入点建立关联，也就是连接这个 AP。一般情况下在连接 AP 的时候还需要输入密码，只有密码正确才能和该 AP 建立关联，连接上该局域网。这里我们需要注意，STA 只能在多个 AP 当中选择一个连接。例如我们笔记本处于多个 WiFi 覆盖范围当中，如果我们知道它们的密码，那么我们可以连接任意一个 WiFi 的 AP，但同时只能连接一个 WiFi。如图 1-3-3 所示，笔记本计算机连接上了 WiFi 的中心接入点 AP，这个接入点 AP 的名字叫作 ChinaNet-GR4 M，我们连接的实际上是无线路由器，然后我们的笔记本计算机就可以发送数据给无线路由器，无线路由器又连接上了互联网，那么它就可以把我们发送给它的数据转发给互联网，并且路由器也可以接收互联网的数据，发送到我们这台笔记本计算机上，这样这台笔记本计算机就实现了上网功能。

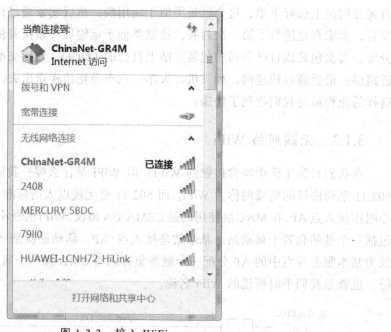

图 1-3-3　接入 WiFi

本小节只是回顾了关于 WiFi 的小部分相关知识，如果大家有兴趣可以参考《计算机网络》的无线网络相关章节。

3.1.3　IP 地址与端口

网际协议 IP 是 TCP/IP 体系中两个最主要的协议之一，也是最重要的互联网标准协议之一。在这里我们只讲 IPV4，IP 数据报、划分子网、构造超网等都不讲述，有兴趣的同学请参考《计算机网络》。那么什么是 IP 地址呢？IP 地址就是给互联网上每一台主机或路由器的每一个接口分配一个在全世界范围内是唯一的 32 位的标志符。那它作用是什么呢？互联网上的两台主机如果想通信，那么必须知道对方主机的 IP 地址，才能将消息发送给对方。IP 地址是用一个 32 位的二进制代码表示，通常用点分十进制形式，如图 1-3-4 所示。

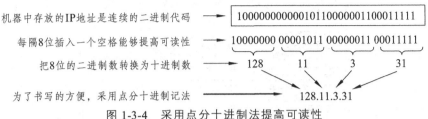

图 1-3-4 采用点分十进制法提高可读性

可以看出机器中存放的 IP 地址，它是一个连续的 32 位的二进制数据。我们可以每隔 8 位插入一个小数点，并且把这 8 位二进制数转换为十进制数，那么最后就变成了一个点分十进制表示的 IP 地址。采用点分十进制表示法，极大地方便了我们的书写和记忆。

有了 IP 地址后，主机和主机是如何通过 IP 地址进行通信的呢？如图 1-3-5 所示，主机 1 的 IP 地址是 222.1.3.3，主机 6 的 IP 地址是 222.1.2.3，在这里主机 1 要与主机 6 通信，那么主机 1 要发送一个带有主机 6 的 IP 地址的数据报到路由器 R_3，路由器 R_3 查找路由表后会将带有主机 6 的 IP 地址的数据报转发给路由器 R_2。路由器 R_2 查找转发表发现主机目标地址是主机 6 的数据报，而主机 6 是连接在它所在的网络当中，那么将这个数据报直接发送给主机 6，这样主机 1 和主机 6 就可以进行通信了。

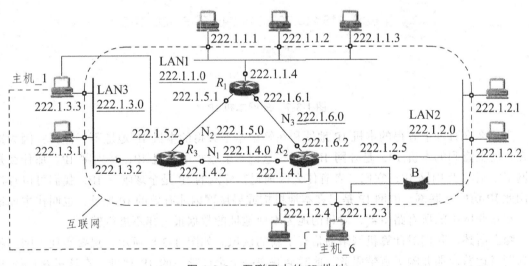

图 1-3-5 互联网中的 IP 地址

通过 IP 地址可以实现两台设备的通信，下面来看一下某台笔记本计算机的 IP 地址，直接在计算机网络属性里可以找到，如图 1-3-6 所示，IP 地址是 192.168.1.19。

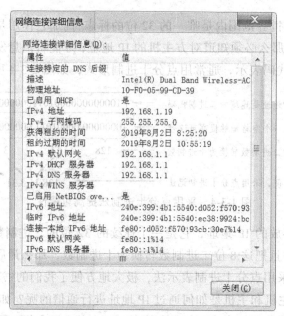

图 1-3-6　网络连接信息

而通过百度搜索本机 IP 地址，可以看到在百度上也查询到了一个 IP 地址，为 118.113.208.236，如图 1-3-7 所示。

图 1-3-7　外网本机 IP

为什么在百度上查得的本机 IP 地址和在笔记本上查得的本机 IP 地址不一样呢？因为这里在百度上查到的本机 IP，是外网 IP，而在笔记本上查得的本机 IP，是内网 IP。那什么是外网 IP，什么是内网 IP，它们二者有什么区别呢？外网的 IP 是全球唯一 IP，我们可以直接使用此 IP 访问互联网。内网 IP 是只在本地机构或局域网内才有效的 IP 地址，也叫作本地地址。在互联网中的所有路由器，对目的地为本地地址的数据报一律不进行转发。

综上所述，我们对计算机网络通信有了新的认识。如图 1-3-8 所示，想要实现上网，就会在网络运营商那儿购买宽带服务，此时会获得一个全球唯一的 IP 地址，在这里获得的 IP 是 183.54.40.179。之后可以将 NAT 路由器连接到网络运营商提供的宽带网线，这样的话 NAT 路由器也就获得了一个 IP 地址，这个 IP 地址就是网络运营商分配的全球唯一 IP 地址，也就是外网地址。为了上网我们会设置路由器，然后就把台式机、笔记本、手机通过有线或者无线的方式接入到 NAT 路由器。台式机、笔记本、手机还有 NAT 路由器，就组成了一个局域网，并且在这局域网中，台式机、笔记本、手机和 NAT 路由器都会有一个局域网 IP，也叫作内网 IP。内网 IP 的地址必须在本地地址的专用地址段当中，如表 1-3-1 所示。可以看到前面笔记本分配到的 IP，就是查询到的本地 IP，这是一个专用地址段当中的专用地址。

表 1-3-1 专用地址

专用地址
10.0.0.0 ~ 10.255.255.255
172.16.0.0 ~ 172.31.255.255
192.168.0.0 ~ 192.168.255.255

如果局域网内的笔记本计算机想和互联网上的某台主机通信，假设这台主机的 IP 地址是 100.100.100.100，那么首先笔记本会将带有内网 IP 地址和目标 IP 地址的数据报发送给 NAT 路由器，NAT 路由器接收到这个数据报后，会将这个数据报的源 IP 地址改为全球唯一 IP，也就是外网 IP，然后再将这个数据报发送到互联网上，最后经过互联网的路由转发，主机 2 收到了这个数据报。对于主机 2 来说，它并不知道这个数据报是笔记本计算机发给它的，因为主机 2 接收到的 IP 地址是路由器的外网 IP，当它应答这个数据报的时候，所发送的数据报的目标 IP 地址只能是路由器的外网 IP。之后经过互联网，路由器收到了主机 2 发来的数据报，它会将数据报转发给我们的笔记本。这样的话，笔记本计算机和主机 2 就可以通信了。

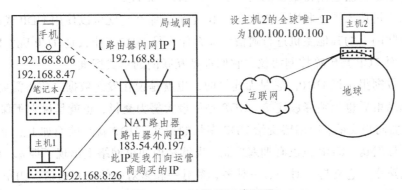

图 1-3-8 互联网通信原理

通过 IP 地址，可以实现主机到主机的通信。如果我们想实现主机进程和主机进程的通信又该怎么办呢？首先应明确什么是主机进程到主机进程的通信。假设这台笔记本计算机的 QQ 发送了一个消息到另一台笔记本计算机，通过 IP 地址就能将这个消息发送给另一台笔记本。但当它接收到这个消息之后，并不知道该把这个消息发送给 QQ 聊天软件还是微信聊天软件，那么需要我们在 IP 地址上加上端口配合，才能实现主机进程到主机进程的通信。

端口是为了实现主机进程到主机进程的通信，解决方法就是在运输层使用的协议端口号。这里的进程可以理解为主机上面安装的软件，端口的详细知识请参考《计算机网络》中运输层相关章节。端口号一般分为两类：

（1）服务器端使用的端口号。又分为两类，一类是我们需要了解的熟知端口号，如表 1-3-2 所示，数值为 0~1023，这些是已经规定好了的大家非常熟悉的端口号，比如 HTTP 协议所用的 80 端口。

表 1-3-2　常用熟知端口号

应用程序	FTP	TELNET	SMTP	DNS	TFTP	HTTP	SNMP	SNMP（trap）	HTTPS
熟知端口号	21	23	25	53	69	80	161	162	443

还有一类叫作登记端口号，数值为 1024～49151，这类端口大家没有那么熟悉，但是在作用这类端口的时候，必须在 AINNA 上进行手续登记，以防止重复。

（2）客户端使用的端口号。数值为 49 152～65 535，这类端口号仅在客户进程运行时才动态选择，是留给客户进程暂时使用的。当服务器进程收到客户进程的报文时，就知道了客户进程所使用的端口号，因而可以把数据发送给客户进程。通信结束后，刚才已使用过的端口号就停止使用，这个端口号就可以供其他客户进行使用。也就是说在进行一两个进程通信的话，可以把端口设在这个范围当中，这样的话，IP 地址配合端口号，就可以实现主机进程到主机进程的通信。

3.1.4　UDP 与 TCP 通信

说起互联网，大家最熟悉的就是 TCP/IP 协议，上一小节中学习了网络层的 IP 协议。现在我们将学习在运输层运用得最多的两个协议：UDP 和 TCP。

当我们的主机接入了互联网，获取到了 IP 地址，那么它就可以使用 UDP 或者 TCP 的通信协议来和互联网上的其他主机进行通信。那么什么是 UDP，什么是 TCP 呢？UDP 是用户数据报协议，而 TCP 是传输控制协议，它们都是互联网的正式标准。

（1）用户数据报协议 UDP。它是无连接的，也就是说在发送数据之前不需要建立连接，当然发送数据结束后也无须释放连接。UDP 是尽最大努力交付，也就是说它不保证数据的可靠交付。它是面向报文的，应用层交给 UDP 多长的报文，UDP 就在前面加上一个 UDP 首部，然后就照着原样发送。UDP 也没有拥塞控制，也就是说如果网络上出现了拥塞，UDP 主机也不会降低发送速率。它支持一对一、一对多、多对一和多对多的交互通信。UDP 的首部开销很小，只有 8 个字节，UDP 的数据部分，也就是应用层发下来的报文加上 UDP 的首部就组成了一个 UDP 数据报。

（2）面向连接的运输层协议 TCP。应用层在使用 TCP 协议之前，必须先建立 TCP 连接，在传送数据完毕后，必须释放已经建立的 TCP 连接。就好像两个应用进程之间在打电话通话之前要先拨号建立连接，通话结束之后要挂机释放连接。每一条 TCP 连接只能有两个端点，也就是说 TCP 连接只能是点对点或者说一对一。TCP 提供可靠的交付服务，也就是说通过 TCP 连接传送的数据，可以认为是不差错、不丢失、不重复，并且按序到达。TCP 提供全双工通信，也就说 TCP 允许双方的应用进程在任何时候都能发送数据。它是面向字节流的，接收方应用程序收到的字节流必须和发送方应用程序发出的字节流完全一样。

常用的与 UDP 和 TCP 协议相关的各种应用和应用层协议，如表 1-3-3 所示。我们所熟悉的万维网应用，也就是浏览网页，它使用的应用层协议是 HTTP，它使用的运输层协议是 TCP，域名系统使用的运输层协议是 UDP。

表 1-3-3　常用各种应用和应用层协议

应用	应用层协议	运输层协议
名字转换	DNS（域名系统）	UDP
文件传送	TFTP（简单文件传送协议）	UDP
路由选择协议	RIP（路由信息协议）	UDP
IP 地址配置	DHCP（动态主机配置协议）	UDP
网络管理	SNMP（简单网络管理协议）	UDP
远程文件服务器	NFS（网络文件系统）	UDP
IP 电话	专用协议	UDP
流式多媒体通信	专用协议	UDP
多播	IGMP（网际组管理协议）	UDP
电子邮件	SMTP（简单邮件传送协议）	TCP
远程终端接入	TELNET（远程终端协议）	TCP
万维网	HTTP（超文本传送协议）	TCP
文件传送	FTP（文件传送协议）	TCP

综上所述，UDP 是面向报文的，不提供可靠的数据交付，优点是开销小，通信速度快，因为它不需要应答，但还要等待应答；缺点是数据有可能出错或者丢失。

TCP 是面向连接的，它提供可靠的数据交付，优点是数据是可靠传输的；缺点是开销比较大，并且通信速度比较慢，因为要确认等待应答等。

在实际使用中，我们应根据自身的使用场景，选择其合适的传输协议。

3.2 通信接口设计

本小节主要讲述了通过 ESP8266 组建 WiFi 局域网，将所采集的数据进行上传、下载。

3.2.1 ESP8266 的 AP 模式设置

ESP8266 的 AP 模式是什么呢？AP 就是 Access Point（接入点），由 ESP8266 自己开启热点，供别的设备接入，组成一个 WiFi 局域网。这些局域网内的数据可以上传、下载。要进行程序设计，那就必不可少地要参考 SDK API 参考手册的 WiFi 接口章节，里面提供了很多关于 WiFi 的 API 函数，此处主要讲解关于 AP 模式的常用设置。

在 user_init（void）中，调用 ESP8266_AP_Init_JX（）用户函数来设置 8266AP 模式及其相关参数，如图 1-3-9 所示。

```
100  void ICACHE_FLASH_ATTR ESP8266_AP_Init_JX()
101  {
102      struct softap_config AP_Config;                           // AP参数结构体
103
104      wifi_set_opmode(0x02);                                    // 设置为AP模式,并保存到Flash
105
106      // 结构体赋值(注意:【服务集标识符/密码】须设为字符串形式)
107      //--------------------------------------------------------
108      os_memset(&AP_Config, 0, sizeof(struct softap_config));   // AP参数结构体 = 0
109      os_strcpy(AP_Config.ssid,ESP8266_AP_SSID);                // 设置SSID(将字符串复制到ssid数组)
110      os_strcpy(AP_Config.password,ESP8266_AP_PASS);            // 设置密码(将字符串复制到password数组)
111      AP_Config.ssid_len=os_strlen(ESP8266_AP_SSID);            // 设置ssid长度(和SSID的长度一致)
112      AP_Config.channel=1;                                      // 通道号1~13
113      AP_Config.authmode=AUTH_WPA2_PSK;                         // 设置加密模式
114      AP_Config.ssid_hidden=0;                                  // 不隐藏SSID
115      AP_Config.max_connection=4;                               // 最大连接数
116      AP_Config.beacon_interval=100;                            // 信标间隔时槽100~60000 ms
117
118      wifi_softap_set_config(&AP_Config);                       // 设置soft-AP,并保存到Flash
119  }
```

图 1-3-9 ESP8266_AP_Init_JX( ) 函数

先调用 wifi_set_opmode（0x02）的 API 函数，将参数设为 2，8266 设置为 AP 模式，并且保存到 Flash。之后调用 wifi_softap_set_config（&AP_Config）API 函数来设置 8266 AP 模式的相关参数。但这里需要注意，这个 API 的参数是 AP 参数结构体的指针，所以需要定义一个 AP 参数结构体（struct softap_config AP_Config）。这个结构体包含的成员如图 1-3-10 所示。

```
333  struct softap_config {
334      uint8 ssid[32];
335      uint8 password[64];
336      uint8 ssid_len;          // Note: Recommend to set it according to your ssid
337      uint8 channel;           // Note: support 1 ~ 13
338      AUTH_MODE authmode;      // Note: Don't support AUTH_WEP in softAP mode.
339      uint8 ssid_hidden;       // Note: default 0
340      uint8 max_connection;    // Note: default 4, max 4
341      uint16 beacon_interval;  // Note: support 100 ~ 60000 ms, default 100
342  };
```

图 1-3-10 struct softap_config 结构体

数组 uint8 ssid[32]用来存放 WiFi 名称，数组 uint8 password[64]用来存放 WiFi 密码，uint8 ssid_len 为 WiFi 名长度，uint8 channel 为通道号，AUTH_MODE authmode 为加密方式，uint8 ssid_hidden 为是否隐藏 WiFi 名标志，uint8 max_connection 为最大连接数，uint16 beacon_interval 为信标间隔时槽，AP 参数设置就是要把这些变量一一赋值。

通过执行 os_memset（&AP_Config, 0, sizeof（struct softap_config））这条语句，将 AP 参数结构体全部清零。它是如何实现的呢？首先看一下 C 函数库提供的 sizeof( )，它的作用是返回参数所占空间的大小，是以自己为单位的，它的作用是返回 AP 参数结构体所占空间的大小。而 os_memset（void *s, int c, size_t n）这个 API 的作用是在一段内存块中填充某个指定值，参数 void *s 是内存块的指针，参数 int c 是填充值，参数 size_t n 是填充大小。所以将

&AP_Config AP 参数结构体指针作为参数 1，0 作为参数 2，sizeof（struct softap_config）AP 参数结构体的大小作为参数 3，这样这条语句就会将 AP 参数结构体清零。

os_strcpy（char *s1，char *s2）API 函数的作用是将参数 s2 指向的字符串复制到参数 s1 所指向的地址处。打开宏定义，看一下具体的内容，如图 1-3-11 所示。

```
78 #define      ESP8266_AP_SSID      "ESP8266_YOU"      // 创建的WIFI名
79 #define      ESP8266_AP_PASS      "YOU123"           // 创建的WIFI密码
```

图 1-3-11 宏定义

这里设置的 WiFi 名为 ESP8266_YOU，WiFi 密码为 YOU123。利用这个 API，os_strcpy（AP_Config.ssid，ESP8266_AP_SSID）将 WiFi 名字符串复制到 AP 参数结构体中，存放 WiFi 名的成员数组。os_strcpy（AP_Config.password，ESP8266_AP_PASS）将 WiFi 密码字符串复制到 AP 参数结构体中，存放 WiFi 密码的数组成员。

os_strlen（ESP8266_AP_SSID）API 函数的作用是计算参数字符串的长度。所以这条语句的作用就是设置 WiFi 名的长度。

后面的参数就是一些默认的参数，通道号设置为 1，加密模式设为不隐藏 WiFi 名，最大连接数设为 4，信标间隔石槽设为 100 ms，最后调用 wifi_softap_set_config(&AP_Config) API 来设置 8266 AP 模式的相关参数。

【程序 1.3.1】在设置完 8266AP 模式的相关参数之后，紧接着定义了定时 1 s 的软件定时，定时之后通过串口打印 8266 的 IP 地址后，结束程序。

```
#include "user_config.h"          // 用户配置
#include "driver/uart.h"          // 串口
#include "driver/oled.h"          // OLED

#include "c_types.h"              // 变量类型
#include "eagle_soc.h"            // GPIO 函数、宏定义
#include "ets_sys.h"              // 回调函数

#include "os_type.h"              // os_XXX
#include "osapi.h"                // os_XXX、软件定时器

#include "user_interface.h"       //系统接口、system_param_xxx 接口、WiFi、//宏
//==============================================================
#define     ESP8266_AP_SSID      "ESP8266_YOU"      // 创建的 WiFi 名
#define     ESP8266_AP_PASS      "YOU123"           // 创建的 WiFi 密码
//==============================================================
os_timer_t OS_Timer_1;            // 软件定时器
//==============================================================
// 毫秒延时函数
```

```c
//=================================================
void ICACHE_Flash_ATTR delay_ms(u32 C_time)
{   for(;C_time>0;C_time--)
         os_delay_us(1000);
}
//=================================================

// 初始化 ESP8266_AP 模式
//=================================================
void ICACHE_Flash_ATTR ESP8266_AP_Init_JX()
{
    struct softap_config AP_Config;           // AP 参数结构体
    wifi_set_opmode(0x02);                    // 设置为 AP 模式,并保存到 Flash
    // 结构体赋值(注意:【服务集标识符/密码】须设为字符串形式)
    //-------------------------------------------------
    os_memset(&AP_Config, 0, sizeof(struct softap_config));  //AP 参数结构体 = 0
    os_strcpy(AP_Config.ssid,ESP8266_AP_SSID);       //设置 SSID(将字符串复制到
                                                     ssid 数组)
    os_strcpy(AP_Config.password,ESP8266_AP_PASS);//设置密码(将字符串复制到
                                                     password 数组)
    AP_Config.ssid_len=os_strlen(ESP8266_AP_SSID);//设置 ssid 长度(和SSID的长
                                                     度一致)
    AP_Config.channel=1;                      // 通道号 1~13
    AP_Config.authmode=AUTH_WPA2_PSK;         // 设置加密模式
    AP_Config.ssid_hidden=0;                  // 不隐藏 SSID
    AP_Config.max_connection=4;               // 最大连接数
    AP_Config.beacon_interval=100;            // 信标间隔时槽 100~60 000 ms

    wifi_softap_set_config(&AP_Config);       // 设置 soft-AP,并保存到 Flash
}
//=================================================
// 定时的回调函数
//=================================================
void ICACHE_Flash_ATTR OS_Timer_1_cb(void)
{
    struct ip_info ST_ESP8266_IP;    // IP 信息结构体
    u8   ESP8266_IP[4];              // 点分十进制形式保存 IP
    // 查询并打印 ESP8266 的工作模式
```

```
//--------------------------------------------------------------------
    switch(wifi_get_opmode())      // 输出工作模式
    {
        case 0x01:   os_printf("\nESP8266_Mode = Station\n");         break;
        case 0x02:   os_printf("\nESP8266_Mode = SoftAP\n");          break;
        case 0x03:   os_printf("\nESP8266_Mode = Station+SoftAP\n");  break;
    }


    // 获取 ESP8266_AP 模式下的 IP 地址
    //【AP 模式下，如果开启 DHCP(默认)，并且未设置 IP 相关参数，ESP8266 的 IP 地
址=192.168.4.1】
    //--------------------------------------------------------------------
    wifi_get_ip_info(SOFTAP_IF,&ST_ESP8266_IP); // 参数 2：IP 信息结构体指针

    // ESP8266_AP_IP.ip.addr==32 位二进制 IP 地址，将它转换为点分十进制的形式
    //--------------------------------------------------------------------
    ESP8266_IP[0] = ST_ESP8266_IP.ip.addr;// 点分十进制 IP 的第一个数 <==> addr
                                          低八位
    ESP8266_IP[1] = ST_ESP8266_IP.ip.addr>>8;// 点分十进制 IP 的第二个数 <==> addr
                                          次低八位
    ESP8266_IP[2] = ST_ESP8266_IP.ip.addr>>16;  // 点分十进制 IP 的第三个数
                                              <==> addr 次高八位
    ESP8266_IP[3] = ST_ESP8266_IP.ip.addr>>24;  // 点分十进制 IP 的第四个数
                                              <==> addr 高八位
    // 打印 ESP8266 的 IP 地址
    //--------------------------------------------------------------------
    os_printf("ESP8266_IP= %d.%d.%d.%d\n",ESP8266_IP[0], ESP8266_IP[1],
ESP8266_IP[2],ESP8266_IP[3]);
    OLED_ShowIP(24,2,ESP8266_IP);              // 显示 ESP8266 的 IP 地址
    // 查询并打印接入此 WiFi 的设备数量
    //--------------------------------------------------------------------
    os_printf("Number of devices connected to this WiFi =
%d\n",wifi_softap_get_station_num());
}
//====================================================================
```

```c
// 软件定时器初始化(ms)
//========================================================================
void ICACHE_Flash_ATTR OS_Timer_1_Init_JX(u32 time_ms, u8 time_repetitive)
{
    os_timer_disarm(&OS_Timer_1);                                      // 关闭定时器
    os_timer_setfn(&OS_Timer_1,(os_timer_func_t *)OS_Timer_1_cb,NULL); //设置定时器
    os_timer_arm(&OS_Timer_1, time_ms, time_repetitive);               // 使能定时器
}
//========================================================================
// user_init: entry of user application, init user function here
//========================================================================
void ICACHE_Flash_ATTR user_init(void)
{
    uart_init(115200,115200);        // 初始化串口波特率
    os_delay_us(10000);              // 等待串口稳定
    os_printf("\r\n================================================\r\n");
    os_printf("\t Project:\t%s\r\n", ProjectName);
    os_printf("\t SDK version:\t%s", system_get_sdk_version());
    os_printf("\r\n================================================\r\n");

    // OLED 初始化
    //- - - - - - - - - - - - - - - - - - - - -
    OLED_Init();
    OLED_ShowString(0,0,"ESP8266 = AP");
    OLED_ShowString(0,2,"IP:");
    //- - - - - - - - - - - - - - - - - - - - -
    ESP8266_AP_Init_JX();             // 设置 ESP8266_AP 模式相关参数

    OS_Timer_1_Init_JX(1000,1);       // 1 s 软件定时

    os_printf("\r\n-------------------- user_init OVER --------------\r\n");
}
//========================================================================
uint32 ICACHE_Flash_ATTR user_rf_cal_sector_set(void)
```

```c
{
    enum Flash_size_map size_map = system_get_Flash_size_map();
    uint32 rf_cal_sec = 0;
    switch (size_map) {
        case Flash_SIZE_4M_MAP_256_256:
            rf_cal_sec = 128 - 5;
            break;
        case Flash_SIZE_8M_MAP_512_512:
            rf_cal_sec = 256 - 5;
            break;
        case Flash_SIZE_16M_MAP_512_512:
        case Flash_SIZE_16M_MAP_1024_1024:
            rf_cal_sec = 512 - 5;
            break;
        case Flash_SIZE_32M_MAP_512_512:
        case Flash_SIZE_32M_MAP_1024_1024:
            rf_cal_sec = 1024 - 5;
            break;
        case Flash_SIZE_64M_MAP_1024_1024:
            rf_cal_sec = 2048 - 5;
            break;
        case Flash_SIZE_128M_MAP_1024_1024:
            rf_cal_sec = 4096 - 5;
            break;
        default:
            rf_cal_sec = 0;
            break;
    }
    return rf_cal_sec;
}
void ICACHE_Flash_ATTR user_rf_pre_init(void){}
```

上面程序中的 AP 模式设置在这儿就不复述了，我们来看一下在 user_init 函数中 AP 设置结束后，用软件定时器定时 1s 里的定时回调函数 void ICACHE_Flash_ATTR OS_Timer_1_cb (void)，如图 1-3-12 所示。

```
void ICACHE_FLASH_ATTR OS_Timer_1_cb(void)
{
    struct ip_info ST_ESP8266_IP;     // IP信息结构体
    u8     ESP8266_IP[4];             // 点分十进制形式保存IP
    // 查询并打印ESP8266的工作模式
    switch(wifi_get_opmode())         // 输出工作模式
    {
        case 0x01:  os_printf("\nESP8266_Mode = Station\n");          break;
        case 0x02:  os_printf("\nESP8266_Mode = SoftAP\n");           break;
        case 0x03:  os_printf("\nESP8266_Mode = Station+SoftAP\n");   break;
    }
    // 获取ESP8266 AP模式下的IP地址
    // 【AP模式下，如果开启DHCP(默认)，并且未设置IP相关参数，ESP8266的IP地址=192.168.4.1】
    wifi_get_ip_info(SOFTAP_IF,&ST_ESP8266_IP);  // 参数2：IP信息结构体指针
    // ESP8266_AP_IP.ip.addr==32位二进制IP地址，将它转换为点分十进制的形式
    ESP8266_IP[0] = ST_ESP8266_IP.ip.addr;       // 点分十进制IP的第一个数 <==> addr低八位
    ESP8266_IP[1] = ST_ESP8266_IP.ip.addr>>8;    // 点分十进制IP的第二个数 <==> addr次低八位
    ESP8266_IP[2] = ST_ESP8266_IP.ip.addr>>16;   // 点分十进制IP的第三个数 <==> addr次高八位
    ESP8266_IP[3] = ST_ESP8266_IP.ip.addr>>24;   // 点分十进制IP的第四个数 <==> addr高八位
    // 打印ESP8266的IP地址
    os_printf("ESP8266_IP = %d.%d.%d.%d\n",ESP8266_IP[0],ESP8266_IP[1],ESP8266_IP[2],ESP8266_IP[3]);
    OLED_ShowIP(24,2,ESP8266_IP);                // 显示ESP8266的IP地址
    // 查询并打印接入此WIFI的设备数量
    os_printf("Number of devices connected to this WIFI = %d\n",wifi_softap_get_station_num());
}
```

图 1-3-12　定时回调函数

在定时回调函数中调用 wifi_get_opmode（ ）API 来查询 8266 的工作模式。os_printf（ ）API 串口打印 8266 的工作模式。

调用 wifi_get_ip_info（SOFTAP_IF，&ST_ESP8266_IP）API 来获取 8266 AP 模式下的 IP 地址。这里需要注意它的参数一必须设为 1，这样才能获取到 8266AP 模式下的 IP 地址；参数二必须是 IP 信息结构体指针，所以在回调函数中定义了一个 IP 信息结构体 struct ip_info ST_ESP8266_IP。结构体如图 1-3-13 所示。

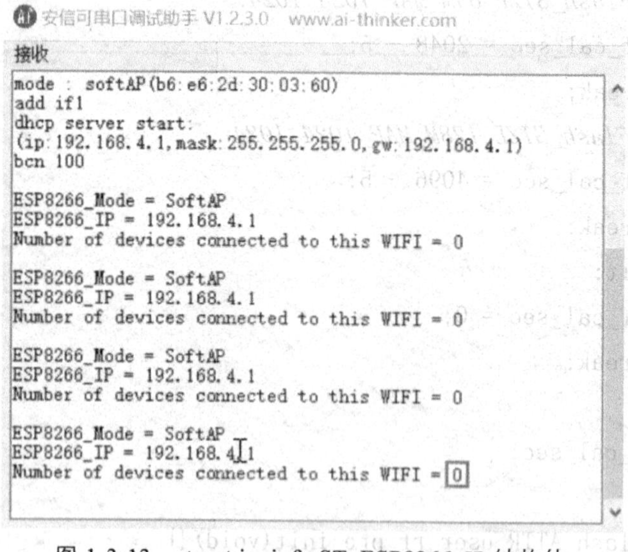

```
安信可串口调试助手 V1.2.3.0    www.ai-thinker.com
接收
mode : softAP(b6:e6:2d:30:03:60)
add if1
dhcp server start:
(ip:192.168.4.1,mask:255.255.255.0,gw:192.168.4.1)
bcn 100

ESP8266_Mode = SoftAP
ESP8266_IP = 192.168.4.1
Number of devices connected to this WIFI = 0

ESP8266_Mode = SoftAP
ESP8266_IP = 192.168.4.1
Number of devices connected to this WIFI = 0

ESP8266_Mode = SoftAP
ESP8266_IP = 192.168.4.1
Number of devices connected to this WIFI = 0

ESP8266_Mode = SoftAP
ESP8266_IP = 192.168.4.1
Number of devices connected to this WIFI = 0
```

图 1-3-13　struct ip_info ST_ESP8266_IP 结构体

struct ip_addr ip 为 ip 地址，struct ip_addr netmask 为子网掩码，struct ip_addr gw 为网关。这样就获取了 8266 AP 模式下的 IP 地址。ST_ESP8266_IP.ip.addr 就是 8266 的 IP 地址，它是一个 32 位的二进制数据，在这里将它转化为点分十进制的形式，之后通过串口窗口打印，并且通过 OLED 显示 8266 的 IP 地址。这里需要注意，8266 在 AP 模式下是默认开启 DHCP，

如果我们并没有设置 IP，8266 的 IP 地址默认是 192.168.4.1。

又通过调用 **wifi_softap_get_station_num**（ ）API 来查询接入此 WiFi 的设备数量，并将其打印出来。

运行程序，将程序下载到 ESP8266。通过串口助手和开发板上的 OLED 屏幕把相关的网络信息打印出来，如图 1-3-13、图 1-3-14 所示。8266 当前的工作模式是 AP 模式，它的 IP 地址是 192.168.4.1。当前接入此 WiFi 的设备数量是 0。

图 1-3-14 打印网络信息

将笔记本计算机接入到 8266 创建的 WiFi 局域网，连接输入密码 YOU123。此时接入此 WiFi 的设备数量变成 1，如图 1-3-15 所示，也就是计算机已经接入 8266 创建的 WiFi 局域网当中。这样 ESP866 成功设为 AP 模式，并且相关参数也设置成功。在这里需要提醒一下，虽然我们调用了 API 来将 8266 设为 AP 模式，并设置 8266AP 模式的相关参数，这个函数是在 user_Init 函数中执行的，但是它并不是一直实现我们想要的功能的。也就是说即使我们这里调用的 API，也不会立即执行 AP 模式的相关设置。

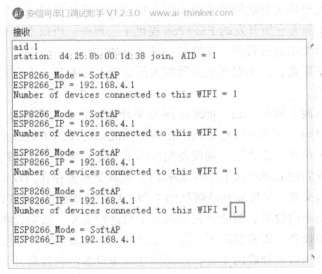

图 1-3-15 接入此 WiFi 的设备数量变成 1

第4章 物联网云平台设计

物联网云平台，它可以接收设备上报的数据，向设备下发数据，对数据进行转发、分析、计算、显示等，也可以管理设备。常见的物联网云平台一般有私有物联网云平台和通用物联网云平台。

什么是私有物联网云平台呢？假设有一个瓜农，他为瓜棚装上了物联网温湿度计，温湿度数据通过网络发送给某台主机，这台主机运行特定的程序，作用是记录并分析瓜棚的温湿度。那么这台主机就是只为一个客户而服务的互联网服务器，这就是私有物联网云平台。通用物联网云平台是专业机构搭建开发的互联网服务平台，提供免费或者收费的物联网云平台服务。面向大量客户、大量设备以及大量数据的场合。

通用云相比于私有云有什么样的优势呢？私有云开发它需要搭建基础设施，寻找并联合嵌入式开发人员与云端开发人员，开发工作量大，效率低。而使用通用物联网平台的服务时，我们可以快速连接设备上云，效率高。并且像百度云、阿里云、腾讯云这样的大型物联网平台，他们有着非常强大的性能，支持大量设备的连接以及大量数据的收发。所以在这儿不建议大家自己搭建物联网云服务器。在本课程中我们将以乐鑫云为过渡，逐步向大家介绍如何将设备接入百度云、阿里云、腾讯云物联网平台。

4.1 乐鑫云平台

4.1.1 乐鑫云端设备的创建

要让我们的开发板成为物联网开发板，而不仅仅只是单片机板或者嵌入式板，那就必须联网，进入云端。乐鑫为它所开发的 ESP8266 提供了云服务，所以本小节我们就要在乐鑫云上创建云端设备。因为乐鑫云目前只支持它自己开发的芯片，所以不是主流云平台技术。这里只简单地介绍一下乐鑫云，不对乐鑫云做深入的讲解，目的是让大家对设备接入云平台有一个比较直观的认识。

乐鑫云平台它有两个域名，iot.espressif.cn 域名使用的是中国北京时间，iot.espressif.com 域名使用格林尼治时间。在学习过程中我们使用中国北京时间的乐鑫云平台。

那么什么是云下设备，什么是云端设备呢？云下设备就是真实存在的设备，或者是模拟出来的设备。比如我们的 ESP8266 核心电路模组，它就是真实存在的设备，可以和互联网上的物联网云平台进行交互。又比如网络调试助手和之后要使用到的 MQTT 客户端软件，它都是计算机软件模拟出来的设备，都能和物联网云平台进行交互。云端设备是指在云平台中与云下设备对应的虚拟设备。正常情况下，每一个云端设备都需要有一个云下设备来对应。

通过浏览器打开乐鑫云物联网平台，点选创建云端设备，在设备开发页面，选择创建设备名，如图 1-4-1 所示。

设备开发

图 1-4-1　乐鑫云平台

　　设备名输入我们要连入的设备，产品可以是多个设备的集合，也可以是一个产品。选择好后，点击创建，如图 1-4-2 所示。

图 1-4-2　云上设备创建

当出现如图 1-4-3 所示页面，说明云端设备创建成功。

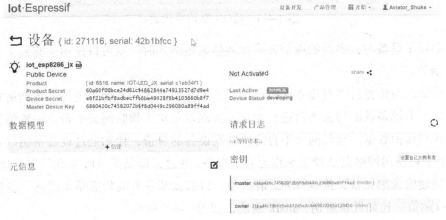

图 1-4-3　云端设备信息

　　在云端设备信息中可以很方便地找到设备 ID 号、设备系列号，设备名、产品 ID、产品名、产品系列等，这里应特别注意一下设备密钥。当创建云端设备的时候，云端设备会被分配有唯一的设备密钥，只有通过设备密钥，云下设备才能连接到云物联网平台。

　　这样乐鑫云平台就创建好了，接下来只需要我们添加云端设备，与开发板进行连接。

4.1.2 乐鑫云平台开发

在上一小节我们创建乐鑫云平台,如何将 8266 连接到乐鑫云平台,如何与乐鑫云平台进行交互,这就是本小节主要讲述的内容。乐鑫云平台采用完全的 API 设计、构建。要想设计开发乐鑫云平台就不可避免地要使用 API 参考手册。

要想将 8266 连接到乐鑫云平台,就必须使用上一节生成的设备密钥,怎样将密钥烧录到 8266 呢?

(1)通信方式的选取:通过 API 参考手册可知,云平台支持 Http Rest 和 Socket 接口,其中 Socket 接口,支持加密或不加密的 TCP 通信方式。故选择使用不加密的 TCP 通信来和云平台进行交互,端口号是 8000。

(2)通信数据的形式:云下设备与乐鑫云平台的交互,使用的是 JSON 字符串。JSON 字符串中,提供了指令、设备密钥等的参数接口,如图 1-4-4 所示。当接收方接收到发送方发送的 JSON 报文之后,接收方需要向发送方进行响应。

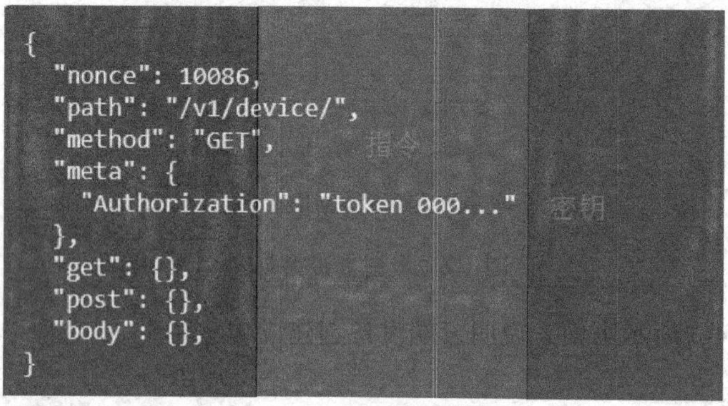

```
{
    "nonce": 10086,
    "path": "/v1/device/",
    "method": "GET",
    "meta": {
        "Authorization": "token 000..."
    },
    "get": {},
    "post": {},
    "body": {},
}
```

图 1-4-4 JSON 字符串代码

当确定好了设备与云平台的通信方式和通信数据形式时,就可以使用乐鑫云平台进行交互的 API 函数。

云下设备在与乐鑫云平台建立网络连接后,只要按照鑫云平台规定好的数据格式来收发网络数据,云下设备就能与云平台进行交互,实现设备接入物联网云平台。一般情况下,为了验证设备与保护数据,物联网云平台需要鉴别设备的身份,比如通过设备密钥以及证书等方式。接下来将使用网络调试助手来作为云下设备,通过云提供的 API 来和云平台进行交互,激活我们创建的云端设备,接收 RPC 请求等。目前云端设备的状态是未激活,将使用相关 API 给参数赋值,比如设备密钥,mark 地址,如图 1-4-5 所示。

```
ACTIVE_FRAME: 【云端设备】激活
{"nonce": 66,"path": "/v1/device/activate/", "method": "POST", "body": {"encrypt_method": "PLAIN", "token": " ",
"bssid": "66:66:66:66:66:66","rom_version":"V1.0"}, "meta": {"Authorization": "token 6860420c74582072b6f8d0449c296080a89ff4ad"}}
```

图 1-4-5 设备激活 API

通过网络调试助手,作为 TCPCline 连接到云平台。设置云平台的域名,端口号是 8000,

点击连接，可以看到 TCP 连接已成功建立，如图 1-4-6 所示。

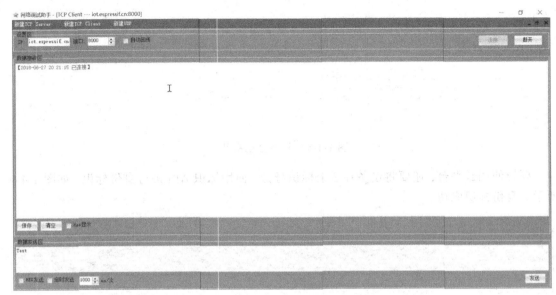

图 1-4-6　TCPCline 设置

使用网络调试助手，来向云平台发送云端设备激活的 API。将设备激活 API 复制到发送端并发送，如图 1-4-7 所示。云平台同时返回激活成功的数据。

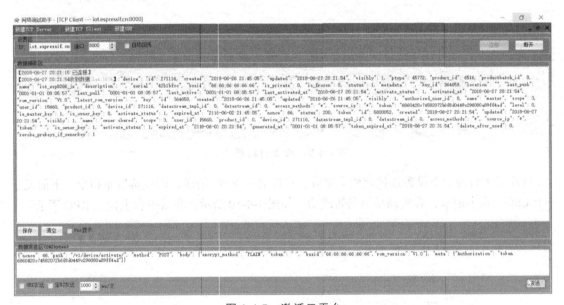

图 1-4-7　激活云平台

刷新网页。云平台显示云端设备已经激活，说明我们网络调试助手成功的作为云下设备，将创建的云端设备激活，如图 1-4-8 所示。

图 1-4-8　云平台已激活

要想使用云平台，还要将设备在云上标识身份，使用标识 API 进行身份标识，如图 1-4-9 所示。身份标识成功。

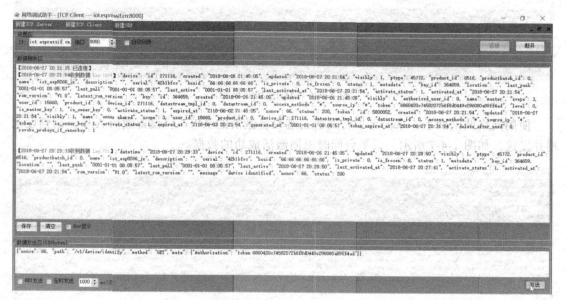

图 1-4-9　设备身份标识

这样云平台与云下设备连接就建立完成，可以通过 RPC 请求，向设备发布指令。下面发送一个 LED，点击请求，看实训结果是否成功。如图 1-4-10 所示，在云平台上发送 RPC 请求。

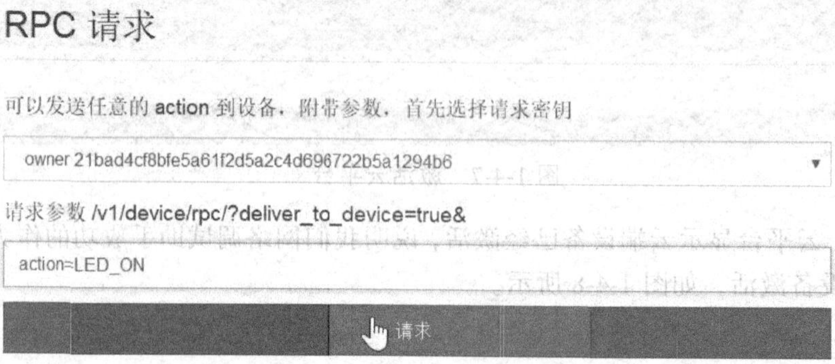

图 1-4-10　云平台的 RPC 请求

在网络调试助手上，接收到云平台向他发送的 RPC 请求，请求内容是 LED_ON，如图 1-4-11 所示。

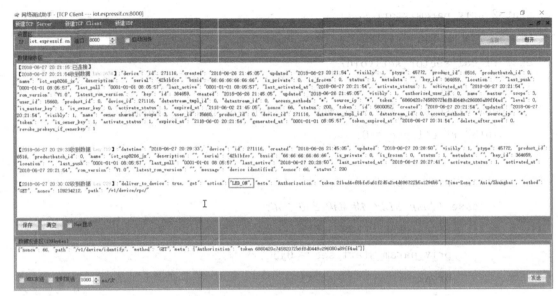

图 1-4-11 网络调试助手收到的 RPC 信息

网络调试助手作为云下设备，已经成功地与新云平台进行了交互，激活了我们创建的云端设备，并且接收了云平台向它发送的 RPC 请求。现在网络助手作为虚拟云下设备已经完成云连接，下面将把开发板连入云端。

【程序 1.4.1】在乐鑫云服务上，通过 RPC 请求，控制云下设备 ESP8266 的 LED 灯亮灭。
user_main.c 函数

```
#include "user_config.h"        // 用户配置

#include "ets_sys.h"
#include "osapi.h"

#include "user_interface.h"

#include "user_devicefind.h"
#include "user_webserver.h"

#if ESP_PLATFORM
#include "user_esp_platform.h"
```

```c
#endif

uint32 priv_param_start_sec;
uint32 ICACHE_Flash_ATTR
user_rf_cal_sector_set(void)
{
    enum Flash_size_map size_map = system_get_Flash_size_map();
    uint32 rf_cal_sec = 0;

    switch (size_map) {
        case Flash_SIZE_4M_MAP_256_256:
            rf_cal_sec = 128 - 5;
            priv_param_start_sec = 0x3C;
            break;
        case Flash_SIZE_8M_MAP_512_512:
            rf_cal_sec = 256 - 5;
            priv_param_start_sec = 0x7C;
            break;
        case Flash_SIZE_16M_MAP_512_512:
            rf_cal_sec = 512 - 5;
            priv_param_start_sec = 0x7C;
            break;
        case Flash_SIZE_16M_MAP_1024_1024:
            rf_cal_sec = 512 - 5;
            priv_param_start_sec = 0xFC;
            break;
        case Flash_SIZE_32M_MAP_512_512:
            rf_cal_sec = 1024 - 5;
            priv_param_start_sec = 0x7C;   // 【设备密钥】烧录到【0x7D】
            break;
        case Flash_SIZE_32M_MAP_1024_1024:
            rf_cal_sec = 1024 - 5;
            priv_param_start_sec = 0xFC;   // 【设备密钥】烧录到【0xFD】
            break;
```

```c
        case Flash_SIZE_64M_MAP_1024_1024:
            rf_cal_sec = 2048 - 5;
            priv_param_start_sec = 0xFC;
            break;
        case Flash_SIZE_128M_MAP_1024_1024:
            rf_cal_sec = 4096 - 5;
            priv_param_start_sec = 0xFC;
            break;
        default:
            rf_cal_sec = 0;
            priv_param_start_sec = 0;
            break;
    }
    return rf_cal_sec;
}

void ICACHE_Flash_ATTR
user_rf_pre_init(void){}

void ICACHE_Flash_ATTR user_init(void)
{
    os_printf("SDK version:%s\n", system_get_sdk_version());
    // 如果是乐鑫云平台
//----------------------------------------------------------------
    #if ESP_PLATFORM
    user_esp_platform_init();    // 查询复位状态、参数初始化
    #endif
//----------------------------------------------------------------
user_devicefind_init(); // 创建 UDP 通信【mDNS 功能，向局域网内的其他主机发送
                        // "自我介绍"】
#ifdef SERVER_SSL_ENABLE
    user_webserver_init(SERVER_SSL_PORT);
#else
    user_webserver_init(SERVER_PORT);//ESP8266 作为 TCP_Server,实现【云端升级】
```

```
#endif
}
```

在 main 函数中，要根据程序中 Flash 的大小来决定系统上区的起始位置。若 Flash 的大小是 32~512 MB，设备密钥二进制文件需要烧录到 0x7D 区，若 Flash 的大小设为 32~1024 MB，设备密钥二进制文件需要烧录到 0XFD 区，根据烧录时所选择的 Flash 大小而决定，设备密钥二进制文件需要烧录到区域，如图 1-4-12 所示。

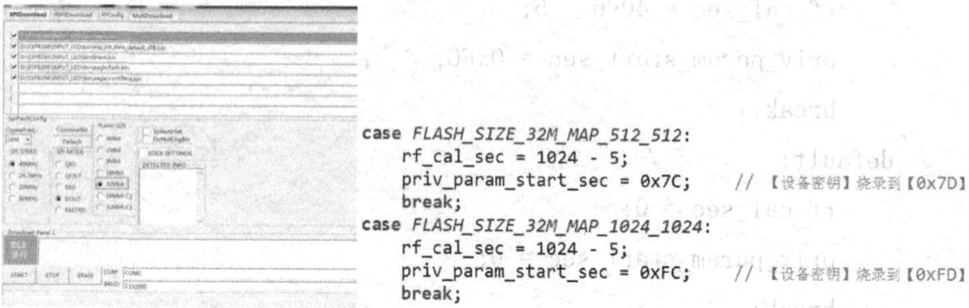

```
case FLASH_SIZE_32M_MAP_512_512:
    rf_cal_sec = 1024 - 5;
    priv_param_start_sec = 0x7C;    //【设备密钥】烧录到【0x7D】
    break;
case FLASH_SIZE_32M_MAP_1024_1024:
    rf_cal_sec = 1024 - 5;
    priv_param_start_sec = 0xFC;    //【设备密钥】烧录到【0xFD】
    break;
```

图 1-4-12 设备密钥烧录地址

烧录软件上我们选择的 Flash 为 32 MB，那么我们的设备密钥二进制文件就需要烧录到 0X7D 上区。

在 **user_main.c** 中只关心 **user_esp_platform_init**（void）函数。

```
void ICACHE_FLASH_ATTR user_esp_platform_init(void)
{
    // 获取版本信息
    os_sprintf(iot_version,"%s%d.%d.%dt%d(%s)",VERSION_TYPE, IOT_VERSION_MAJOR, \
        IOT_VERSION_MINOR, IOT_VERSION_REVISION, device_type, UPGRADE_FALG);
    os_printf("IOT VERSION = %s\n", iot_version);

    system_param_load(priv_param_start_sec+1, 0, &esp_param, sizeof(esp_param));
    // 读取【0x7D(0x7C+1)扇区】的数据(KEY_BIN)
    os_printf("esp_param.devkey = %s\n", esp_param.devkey);
    // 串口打印【devkey】
    os_printf("esp_param.token = %s\n", esp_param.token);
    // 串口打印【token】
    os_printf("esp_param.pad = %s\n", esp_param.pad);
    // 串口打印【pad】
    os_printf("esp_param.activeflag = %d\n", esp_param.activeflag);
    // 串口打印【activeflag】

    // ESP8266 复位后，执行复位查询
```

```c
    struct rst_info *rtc_info = system_get_rst_info();      //获取当前的启动信息
    os_printf("reset reason: %x\n", rtc_info->reason);      //打印复位原因
    // 判断复位原因
    if (rtc_info->reason == REASON_WDT_RST ||               // 看门狗复位
        rtc_info->reason == REASON_EXCEPTION_RST ||         // 异常复位
        rtc_info->reason == REASON_SOFT_WDT_RST)            // 软件看门狗复位
    {
        if (rtc_info->reason == REASON_EXCEPTION_RST)
        {
            os_printf("Fatal exception (%d):\n", rtc_info->exccause);
        }
        os_printf("epc1=0x%08x, epc2=0x%08x, epc3=0x%08x, excvaddr=0x%08x, depc=0x%08x\n",
            rtc_info->epc1, rtc_info->epc2, rtc_info->epc3, rtc_info->excvaddr, rtc_info->depc);
    }
    // 保存之前的 IP 地址
    struct dhcp_client_info dhcp_info;
    struct ip_info sta_info;
    system_rtc_mem_read(64,&dhcp_info,sizeof(struct dhcp_client_info)); //读取//RTC memory 中的数据
    // 判断之前是否保存为 1
    if(dhcp_info.flag == 0x01 )
    {
        if (true == wifi_station_dhcpc_status())            // STA_DHCP 启动
        {
            wifi_station_dhcpc_stop();                      // STA_DHCP 停止
        }
        sta_info.ip = dhcp_info.ip_addr;                    // 重新设为之前的 IP 地址
        sta_info.gw = dhcp_info.gw;
        sta_info.netmask = dhcp_info.netmask;
        if ( true != wifi_set_ip_info(STATION_IF,&sta_info))// 设置 STA 的 IP 地址
        { os_printf("set default ip wrong\n"); }
    }
    os_memset(&dhcp_info,0,sizeof(struct dhcp_client_info)); //dhcp_info 清 0
    system_rtc_mem_write(64,&dhcp_info,sizeof(struct rst_info));//RTC_mem 清 0

#if AP_CACHE
```

```c
        wifi_station_ap_number_set(AP_CACHE_NUMBER);    // AP信息缓存(5个)
    #endif

    #if 0
        {
            char sofap_mac[6] = {0x16, 0x34, 0x56, 0x78, 0x90, 0xab};
            char sta_mac[6] = {0x12, 0x34, 0x56, 0x78, 0x90, 0xab};
            struct ip_info info;

            wifi_set_macaddr(SOFTAP_IF, sofap_mac);
            wifi_set_macaddr(STATION_IF, sta_mac);

            IP4_ADDR(&info.ip, 192, 168, 3, 200);
            IP4_ADDR(&info.gw, 192, 168, 3, 1);
            IP4_ADDR(&info.netmask, 255, 255, 255, 0);
            wifi_set_ip_info(STATION_IF, &info);

            IP4_ADDR(&info.ip, 10, 10, 10, 1);
            IP4_ADDR(&info.gw, 10, 10, 10, 1);
            IP4_ADDR(&info.netmask, 255, 255, 255, 0);
            wifi_set_ip_info(SOFTAP_IF, &info);
        }
    #endif
        // esp_param.activeflag ==【0】：云端设备未激活【初始值==0xFF】
        // esp_param.activeflag ==【1】：云端设备已激活
        if (esp_param.activeflag != 1)          //【云端设备】未激活
    #ifdef SOFTAP_ENCRYPT
            struct softap_config config;
            char password[33];
            char macaddr[6];

            wifi_softap_get_config(&config);
            wifi_get_macaddr(SOFTAP_IF, macaddr);

            os_memset(config.password, 0, sizeof(config.password));
            os_sprintf(password, MACSTR "_%s", MAC2STR(macaddr), PASSWORD);
            os_memcpy(config.password, password, os_strlen(password));
```

```
        config.authmode = AUTH_WPA_WPA2_PSK;

        wifi_softap_set_config(&config);
#endif
        wifi_set_opmode(STATIONAP_MODE);//设为 AP+STA 模式【开启 AP 模式是为
                        //了使用 APP 来向 ESP8266 发送路由器 WIFI 的 SSID、PASS】
    }
#if PLUG_DEVICE
    user_plug_init();        // 插座初始化
#elif LIGHT_DEVICE
    user_light_init();       // 灯光初始化(PWM)
#elif SENSOR_DEVICE
    user_sensor_init(esp_param.activeflag);  // 传感器初始化
#endif
    // 判断 ESP8266 是否为 SoftAP 模式
    if (wifi_get_opmode() != SOFTAP_MODE)    // 不是 SoftAP 模式
    {
        // 设置定时器（定时查询 ESP8266 的 IP 情况）
        os_timer_disarm(&client_timer);
        os_timer_setfn(&client_timer, (os_timer_func_t
*)user_esp_platform_check_ip,(void *)1);    // 参数 3=1：表示当前是刚复位状态
        os_timer_arm(&client_timer, 100, 0);        //使能毫秒定时器(100 ms 定时)
    }
}
#endif
```

在 **user_esp_platform_init**（void）函数中，程序读取 Flash 中 0X7D 地址上的数据，里面有设备密钥等参数，如图 1-4-13 所示。

```
system_param_load(priv_param_start_sec+1,0,&esp_param,sizeof(esp_param));    // 读取【0X7D(0X7C+1)扇区
                                                                             //的数据(KEY_BIN)
os_printf("esp_param.devkey = %s\n",esp_param.devkey);                       // 串口打印【devkey】
os_printf("esp_param.token = %s\n",esp_param.token);                         // 串口打印【token】
os_printf("esp_param.pad = %s\n",esp_param.pad);                             // 串口打印【pad】
os_printf("esp_param.activeflag = %d\n",esp_param.activeflag);               // 串口打印【activeflag】
```

图 1-4-13 密钥读取

之后连接 WiFi，若成功连接到 WiFi 的话，那么进行 TCP 连接设置，并进行 DNS 域名解析。若域名解析成功的话，那么就将 8266 作为 TCPClient 连接到 TCPServer，也就是云平台。

当 8266 接收到云平台向他发送的 RPC 请求，请求内容是 LED_ON，8266 将会把 LED 点亮。

当请求内容是 LED_OFF 时，8266 将会把 LED 熄灭，如图 1-4-14 所示。

```
int nonce = user_esp_platform_parse_nonce(pbuffer);    // 获取【"nonce"键】对应的【"值"】
user_platform_rpc_set_rsp(pespconn, nonce);            //【云下设备】向云平台应答(回答云平台的Rpc指令)

if( ((char *)os_strstr(pbuffer, "{\"deliver_to_device\": true, \"get\": {\"action\": \"LED_ON\"]")) != NULL )
{
    PIN_FUNC_SELECT(PERIPHS_IO_MUX_GPIO4_U, FUNC_GPIO4);
    GPIO_OUTPUT_SET(GPIO_ID_PIN(4),0);         // LED亮
}
else if( ((char *)os_strstr(pbuffer, "{\"deliver_to_device\": true, \"get\": {\"action\": \"LED_OFF\"]")) != NULL )
{
    PIN_FUNC_SELECT(PERIPHS_IO_MUX_GPIO4_U, FUNC_GPIO4);
    GPIO_OUTPUT_SET(GPIO_ID_PIN(4),1);         // LED灭
}
```

图 1-4-14　RPC 请求回复

下载程序，注意还要将设备密钥二进制文件烧录到 Flash 的 0X7D000 地址中。工程下载完成后，打开云平台，使用 RPC 请求向 8266 发送指令，如图 1-4-15 所示。

图 1-4-15　实训现象

综上所述，所谓的设备接入云平台，实际上就是设备语音平台建立网络连接之后，按照云平台规定的数据格式来收发网络数据，设备就能与云平台进行交互，实现设备接入云平台。这里的乐鑫云平台比较繁杂，不推荐大家使用。只是把乐鑫云平台作为一个过渡，让大家对设备接入云平台有一个直观的认识。如果大家对乐鑫云平台感兴趣的话，也可以进一步深入地了解。

4.2　百度云平台

现在市场上主流的云平台有阿里云、腾讯云等，我们之所以要先介绍百度云，主要是因为百度云物联网组件比较适合于刚刚接触 MQTT 协议的初学者。阿里云物联网组件的 MQTT 用户名密码需要先使用算法进行加密，并且设备的发布和订阅的主题也受到限制，需要使用规则引擎来实现客户端与客户端的通信。腾讯物联网组件的接入需要使用证书或者密钥，设备的发布和订阅的主题也是受到限制的。所以说阿里云、腾讯物联网组件的不是特别适合物联网初学者的入门学习，以及对 MQTT 协议的理解。这里不是说阿里云和腾讯云不友好，只是百度云、阿里云、腾讯云它们都有各自的特点。

4.2.1　百度云的创建

百度云天工物接入是全托管的云服务，通过主流的物联网协议通信（如 MQTT 协议）可

以在智能设备语音端之间建立安全的双向连接,快速实现互联网的项目。它支持亿级并发连接和消息数,建立海量设备与云端安全可靠的双向连接,无缝对接天工平台和百度云的各项产品和服务,如图 1-4-16 所示。

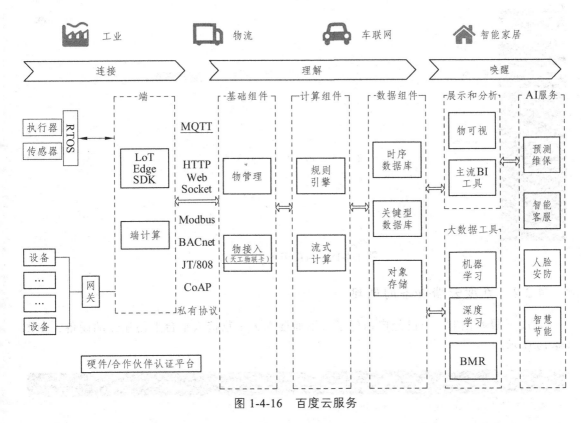

图 1-4-16 百度云服务

百度云的物接入可以作为 MQTT 服务端,设备可以通过 MQTT 协议来将数据发送给物接入平台,也可以将消息转发给其他设备,并且可以将数据通过规则引擎来发送给其他的应用或服务。比如数据库、物可视、人脸识别、深度学习等。

在官网上有百度云物接入产品的定价,如图 1-4-17 所示。

规格(百万条/月)	目录价	
	月单价(元/百万条/月)	年单价(元/百万条/年)
0-1	免费	免费
2-5	¥1.00	¥10.00
6-10	¥0.90	¥9.00
11-50	¥0.80	¥8.00
51-100	¥0.70	¥7.00
101-500	¥0.60	¥6.00
501-1000	¥0.50	¥5.00
1000+	请提交工单申请	

图 1-4-17 百度云物接入定价

每个月 100 万条消息以内为免费服务，这对于学习物联网是足够的。假设一台设备一个月当中连续不断地每隔十秒钟发送一条消息的话，一个月只会发送不到 26 万条的消息。点击去支付，百度云天工物接入开通成功，打开控制台，如图 1-4-18 所示。

图 1-4-18 百度云天工物接入

4.2.2 百度云端设备的创建

百度云服务在上一节已经申请好了，下面要在天工物接入平台上创建云端设备，如图 1-4-19 所示。

图 1-4-19 创建物接入服务参考手册

（1）打开物接入控制台，创建物接入服务。在实例列表下，点击创建实例。实例就是一个完整的物接入服务，实例名称设为 iot_light_jx，区域设为默认。接下来会显示不同接入方式的域名和端口号，点击确定，如图 1-4-20 所示。我们的实例已经创建成功。

图 1-4-20 创建实例

（2）打开实例，在这里可以创建策略、身份以及设备。**策略**表示每个身份对于对应设备所具备的权限，也就是说策略是主题过滤器的集合以及操作权限。比如订阅发布的主题过滤器，它是可以带有通配符的。一个策略可以有多个主题过滤器。**身份**是一个抽象的概念，表示连接设备的身份，基于身份可以对设备进行权限管理。每个身份都有着不同的密钥或者证书，还有策略。一个身份只能绑定一个策略。**设备**表示物接入的设备，用户可以在每个实例中创建一个或多个设备。设备实际上就是云下设备所对应的云端设备，每一个设备只能绑定一个身份。接下来先创建一个策略，策略的名称叫作 Policy-01，如图 1-4-21 所示。

图 1-4-21 创建策略

（3）SW_LED 是 LED 灯的开关，权限为既可以发布也可以订阅。新增一个主题 Will，也是可以发布和订阅的，点击"确定"。如图 1-4-22 所示，策略创建成功，并且它的主题有两个。

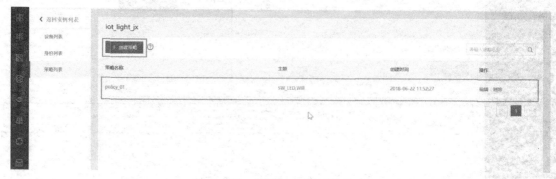

图 1-4-22 策略、主题创建成功

（4）接下来我们创建身份，身份名称设为 aviator_shuke，认证方式可以选择证书认证或者是密码认证，这里选择密码认证。下一步设置策略，可以新建策略，也可以选择已有策略。接下来为当前身份创建了一个密钥，这个密钥之后将作为 MQTT 密码字段来将我们的设备接入到百度云物联网平台，注意：密钥一定要保存好，如果密钥丢失是无法找回的。点击"确认"，如图 1-4-23 所示。

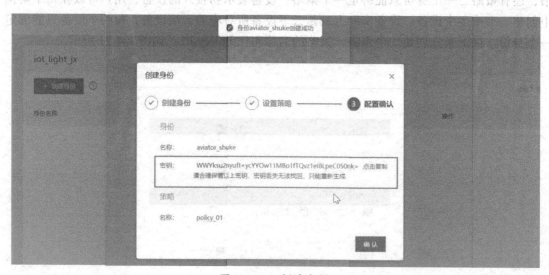

图 1-4-23 创建身份

（5）创建设备，设备名称这里设为 iot_light_esp8266_01_jx。下面设置身份，选择绑定已有的身份。因为创建身份时，策略已经和身份绑定了，所以说接下来的策略不需要设置，直接确认，如图 1-4-24 所示。

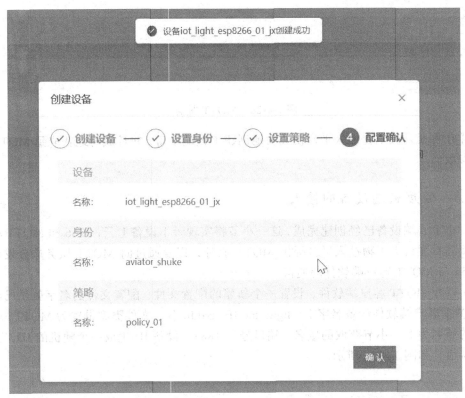

图 1-4-24 创建设备

（6）再创建一个设备，如图 1-4-25 所示。创建的设备实际上就是云下设备所对应的云端设备，这个所对应的云端设备就是 MQTT 客户端软件，所对应的云下设备就是 ESP8266。用户名参数，就是之后我们的设备使用 MQTT 协议连接百度云天工物接入平台时所使用的 MQTT 用户名字段。这样设备、身份、策略都已经创建完成。

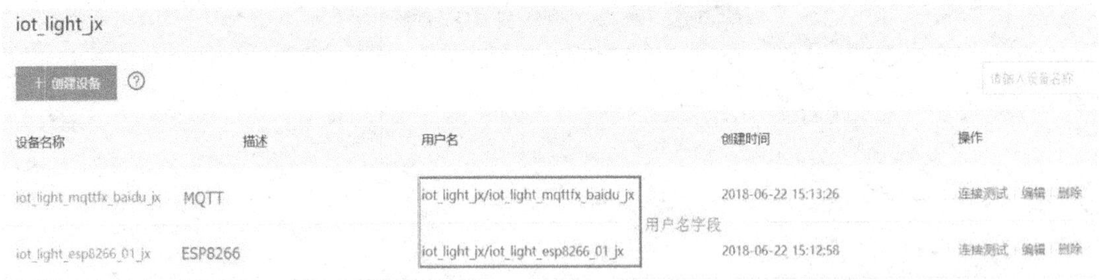

图 1-4-25 设备创建成功

（7）返回实例列表，百度云天工物接入平台已配置了 MQTT 服务端的域名和端口号。接入方式有三种，域名都是一样的，只不过端口号稍有区别。设备的接入将使用 TCP 连接的方式接入到 MQTT 服务端，如图 1-4-26 所示。

图 1-4-26 MQTT 服务

这样在百度云天工物接入平台便成功地创建了云端设备,并且成功地获取到 MQTT 连接的相关参数。

4.2.3 百度云端设备的接入

上一小节云端设备已经创建完成,这一小节将实现云下设备上云,8266 和 MQTT 客户端软件连接到百度云天工物接入平台提供 MQTT 服务,以及通过向 MQTT 服务端分发消息来实现 8266 与 MQTT 客户端软件的通信。

(1) 打开 MQTT 客户端软件,设置一个新建的配置文件,配置文件的名字就是已经创建好的 MQTT 客户端软件设备名字 iot_light_mqttfx_baidu_jx,文件类型设置为 MQTT,MQTT 服务端的域名为上一小节获取的域名,端口号为 1883。设备 ID 生成一个随机的 ID,其余设置为默认值,如图 1-4-27 所示。

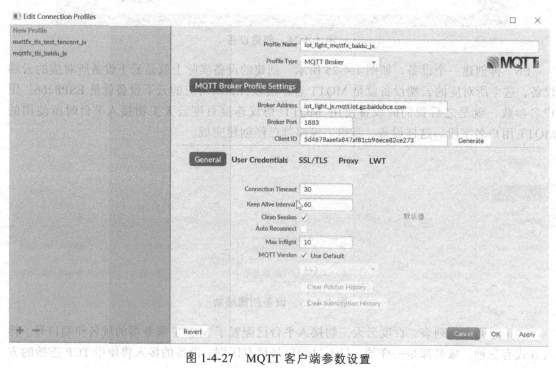

图 1-4-27 MQTT 客户端参数设置

(2) 设置 MQTT 用户名和密码,用户名为已经创建 MQTT 客户端软件所对应的用户名,密码为身份密钥。这里不加密,并且遗嘱暂时不设置,如图 1-4-28 所示。

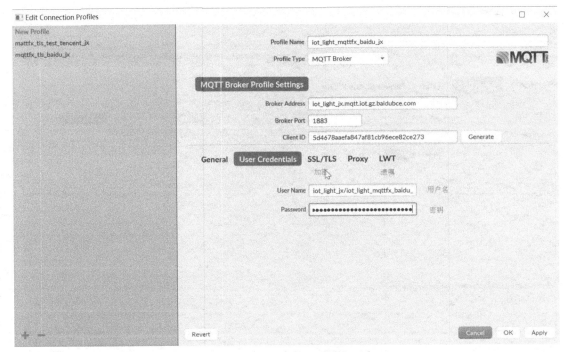

图 1-4-28　MQTT 客户端用户设置

（3）选择连接，指示灯变绿，MQTT 客户端软件成功地接入了 MQTT 服务端，也就成功接入百度云天工物接入平台，如图 1-4-29 所示。

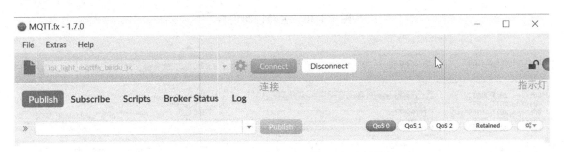

图 1-4-29　连接 MQTT 服务端

（4）订阅主题。在订阅界面，我们订阅 SW_LED 主题，这个主题是已经在策略列表中创建的主题过滤器。订阅质量设置为 QoS 0，点击订阅，主题成功的订阅，如图 1-4-30 所示。

（5）将 ESP8266 接入到 MQTT 服务端，打开 MQTT_JX 工程文件，选择 mqtt_config.h 头文件，在头文件中的宏定义需要设置，如图 1-4-31 所示。网络连接端口号是 1883，需要设置 MQTT 服务端的域名、MQTT 用户名、MQTT 密码。MQTT 连接参数设置完成之后，设置正确的 WiFi 名和 WiFi 密码，将持有人标识更改一下，保证跟之前的不一样。

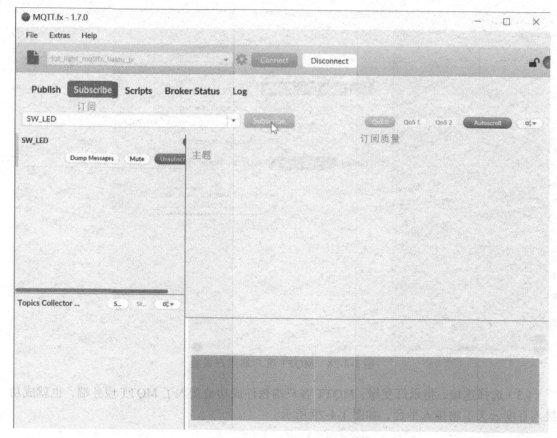

图 1-4-30 主题订阅设置

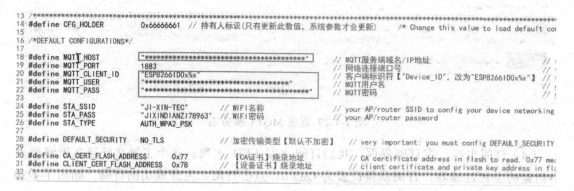

图 1-4-31 mqtt_config.h 头文件设置

这样设备参数就完全设置成功了,通过 user_main.c 来了解它大体的功能。如图 1-4-32 所示,当 ESP8266 通过 MQTT 参数成功地连接到 MQTT 服务端之后,会订阅 SW_LED 主题,并且往这个主题发送 ESP8266 上线了(ESP8266_Online)的消息。MQTT 服务端会将这个消息分发给订阅了这个主题的其他客户端。

```
// MQTT已成功连接: ESP8266发送【CONNECT】, 并接收到【CONNACK】
//========================================================
void mqttConnectedCb(uint32_t *args)
{
    MQTT_Client* client = (MQTT_Client*)args;    // 获取mqttClient指针

    INFO("MQTT: Connected\r\n");

    // 【参数2: 主题过滤器 / 参数3: 订阅Qos】
    //----------------------------------------------------
    MQTT_Subscribe(client, "SW_LED", 0);    // 订阅主题"SW_LED", QoS=0
    //MQTT_Subscribe(client, "SW_LED", 1);
    //MQTT_Subscribe(client, "SW_LED", 2);

    // 【参数2: 主题名 / 参数3: 发布消息的有效载荷 / 参数4: 有效载荷长度 / 参数5: 发布Qos / 参数6: Retain】
    //----------------------------------------------------
    MQTT_Publish(client, "SW_LED", "ESP8266_Online", strlen("ESP8266_Online"), 0, 0);    // 向主题"SW_LED"发布"ESP8266_Online", Qos=0
    //MQTT_Publish(client, "SW_LED", "ESP8266_Online", strlen("ESP8266_Online"), 1, 0);
    //MQTT_Publish(client, "SW_LED", "ESP8266_Online", strlen("ESP8266_Online"), 2, 0);
}
//========================================================
```

图 1-4-32　SW_LED 上线通知函数

如果 ESP8266 接收到 SW_LED 主题分发的消息，它会判断这个消息是否是 LED_ON、LED_OFF。若为 LED_ON，则 LED 亮；若为 LED_OFF，则 LED 灭，如图 1-4-33 所示。

```
// 根据接收到的有效载荷, 控制LED的亮/灭
//----------------------------------------------------
if( os_strncmp(topicBuf, "SW_LED", topic_len) == 0 )    // 主题 == "SW_LED"
{
    if( os_strncmp(dataBuf, "LED_ON", data_len) == 0 )    // 有效载荷 == "LED_ON"
    {
        GPIO_OUTPUT_SET(GPIO_ID_PIN(4), 0);    // LED亮
    }
    else if( os_strncmp(dataBuf, "LED_OFF", data_len) == 0 )    // 有效载荷 == "LED_OFF"
    {
        GPIO_OUTPUT_SET(GPIO_ID_PIN(4), 1);    // LED_OFF
    }
}
```

图 1-4-33　LED 控制函数

编译下载工程，运行 ESP8266，打开 MQTT 服务端窗口，如图 1-4-34 所示。在 MQTT 订阅界面，收到 SW_LED 主题分发的 ESP8266_Online 的消息。

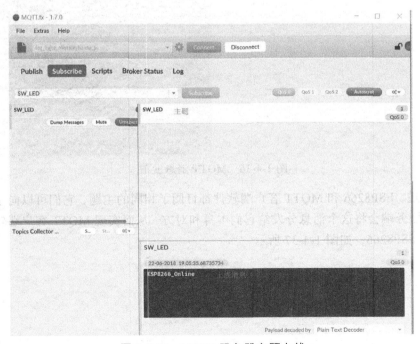

图 1-4-34　MQTT 服务器主题上线

在发布界面中，可以向主题发布消息，如图 1-4-35 所示，LED 消息质量选择为 0，注意 LED 的状态并发布。

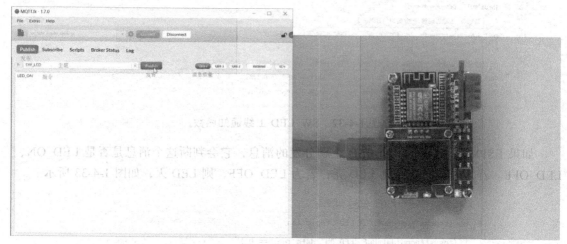

图 1-4-35　MQTT 消息发布

可以看到 ESP8266 成功的接收到了 SW_LED 主题，发送过来 LED_ON 这样的数据，并且把 LED 点亮了。

继续发送消息 LED_OFF，如图 1-4-36 所示。

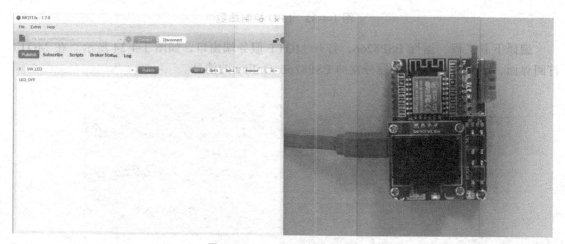

图 1-4-36　MQTT 消息发布

综上所述，ESP8266 和 MQTT 客户端软件都订阅了相同的主题，它们可以向主题发布消息。MQTT 服务端会将这个消息分发给它们本身和对方，从而实现 MQTT 客户端软件通过云平台来控制 ESP8266，如图 1-4-37 所示。

图 1-4-37　MQTT 服务原理图

第 2 篇
智能家居安装及调试实训

基于智能家居平台,通过对门禁、安防、视频等智能家居设备进行安装调试,进一步了解物联网技术在消费领域的应用。

实训 1　智能门禁对讲系统

随着人们对生活环境质量要求的提高，智能门禁对讲系统是当今小区普遍应用的管理手段之一，也是小区安防系统的一道重要防线。它能够在第一时间以图像、声音形式告知管理和保安人员现场所发生的任何情况，以及供业主与访客之间进行沟通，从而有效地做出快速反应，对于社区的安全与管理提供了极大方便。

【实训目的】

（1）掌握智能门禁对讲系统的工作原理。
（2）掌握智能门禁对讲系统设备调试方法。
（3）掌握智能门禁对讲系统硬件连线。
（4）掌握智能门禁对讲系统参数配置。

【实训仪器与设备】

表 2-1-1　实训仪器与设备清单

工具	数量	备注
5 V 输出开关电源	1	
电源线	若干	5 V 电源线蓝色和红色
黑色触摸刷卡主机	1	
7寸（1寸≈3.33厘米）触摸分机	1	
4口网口解码器	1	
可视电源	1	内有黑色电源线一根
外开静音锁	1	
出门开关	1	
工具箱	1	一字螺丝刀、十字螺丝刀、内六角螺丝刀、电胶布、剥线钳、烙铁、焊锡、U型冷压头、4 mm 螺丝螺母等

【实训原理】

智能门禁对讲系统由电源、黑色触摸刷卡主机、解码器、触摸分机等部分组成，如图 2-1-1 所示。

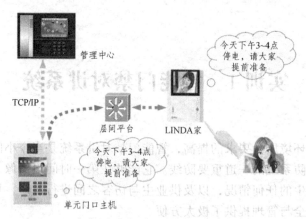

图 2-1-1　智能门禁对讲系统

1. 电源部分

智能门禁对讲系统采用的电源为直流 12 V（输入端为 220 V 交流电，通过变压、桥式整流、滤波、稳压等变为所需 12 V 直流电），主要为门禁主机，出门开关，外开静音锁供电，如图 2-1-2 所示。

图 2-1-2　智能门禁对讲系统电源部分

2. 门口主机

门口主机是智能门禁对讲系统的关键设备，如图 2-1-3 所示。门口主机显示界面有液晶及数码管两种，液晶显示成本高一些，但显示内容更丰富。门口主机具备指纹识别开锁、射频 FRIB 刷卡开锁、密码解锁等功能。另外为使用方便，还提供回铃音提示、键音提示、呼叫提示以及各种语音提示等功能。

图 2-1-3　智能门禁对讲系统门禁主机部分

3. 门禁分机电源

智能门禁对讲系统门禁分机采用专用电源，电源电压为直流 35 V（输入端为 220 V 交流电，通过变压、桥式整流、滤波、稳压等变为所需 35 V 直流电），主要为门禁分机和层控机（解码器）供电，如图 2-1-4 所示。

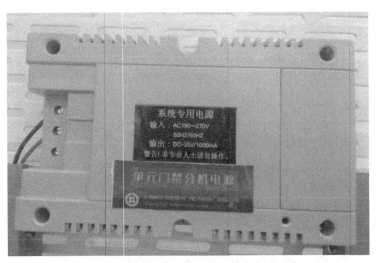

图 2-1-4　智能门禁对讲系统门禁分机电源部分

4. 解码器

智能门禁对讲系统门禁解码器部分如图 2-1-5 所示。解码器配套与主机使用，每个解码器也有一个 ID 号，是主机与之通信的联络地址。在系统内，它主要承担联网设备之间的数据信号的转换和中转，以及准确切换各设备之间的音频、视频通道。

图 2-1-5　智能门禁对讲系统门禁解码器部分

5. 室内分机

室内分机主要有对讲及可视对讲两大类产品，基本功能为对讲（可视对讲）、开锁，还具备监控、安防报警、撤防、户户通、信息接收、远程电话报警、家电控制等功能，外形如图 2-1-6 所示。

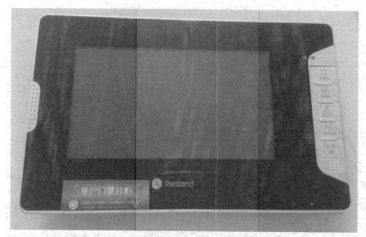

图 2-1-6　智能门禁对讲系统室内分机部分

6. 智能门锁

智能门禁对讲系统智能门锁部分如图 2-1-7 所示。开锁方式一般包括三种：钥匙开锁、刷卡开锁、密码开锁。

图 2-1-7　智能门禁对讲系统智能门锁部分

【实训步骤】

智能门禁对讲系统连接图如图 2-1-8 所示。

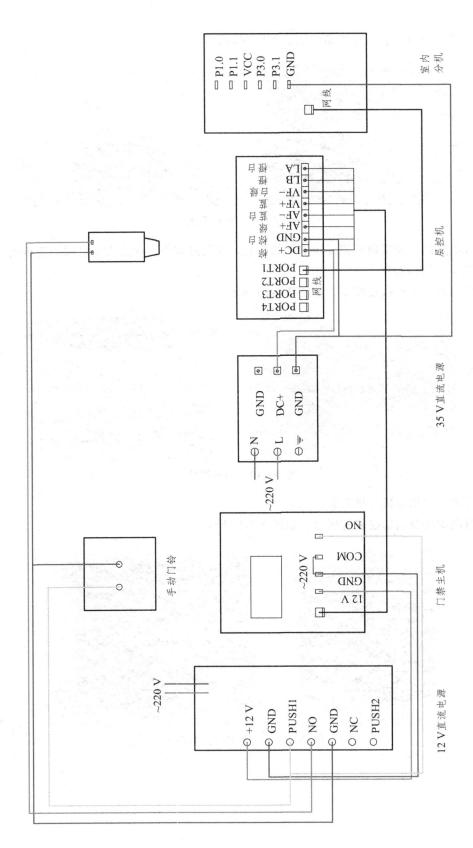

图 2-1-8 智能门禁对讲系统连接图

第一步：电源安装。电源部分如图 2-1-9 所示。

 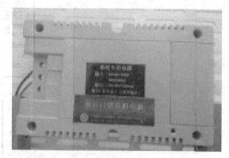

图 2-1-9　电源部分

完成电源部分及室内分机专用电源的组装。安装过程中，注意直流电源的正负极。

第二步：门锁安装。

安装过程注意连接点测试，如图 2-1-10 所示。

图 2-1-10　门锁部分

第三步：门禁主机分机安装。

注意电源线及通信线安装区分，如图 2-1-11 所示。

图 2-1-11　门禁主机分机部分

第四步：解码器安装。解码器部分如图 2-1-12 所示。

图 2-1-12　解码器部分

【实训调试】

1. 主机系统设置

1）主机密码设置

在主机键盘上按"#"，再按"*"键进入系统设置，输入"9999"（默认密码），再按"#"号确定（显示屏显示 P1～P3，分别输入 1 至 3，数字代表不同意思）。输入"1"进入密码设置，然后输入"4 位密码"（用户密码）按"#"确认，显示"OK"后自动退出。

注：本系统只能设置一个用户密码。

2）开锁密码设置

在主机键盘上按"#"键，再按"*"键进入系统设置，输入"9999"（或者用户密码），再按"#"号确定（显示屏显示 P1～P3，分别输入 1 至 3，数字代表不同意思）。输入"2"进入开锁密码设置，然后输入"4 位开锁密码"按"#"确认，显示"OK"后自动退出，完成密码设置。

注：本系统只能设置一个开锁密码。

3）主机楼栋号设置

在主机键盘上按"#"键，再按"*"，输入"9999"（或者用户密码），再按"#"号确定（数码管显示屏显示 P1～P3，分别输入 1 至 3，数字代表不同意思。LCD 屏不会显示）。输入"3"显示原始楼栋号，进入楼栋号设置，再输入 4 位新栋号，按"#"键显示"OK"后自动退出。

注意：① 如果单元门口主机不联网则不需要设置楼栋号；② 单元门口主机联网设置楼栋号时必须将对应的联网控制器与之相连，连接方式请参考布线图。

4）主机使用方法

密码开锁：按"#"键，输入 4 位密码，即可开锁，此时主机显示"OPEN"（锁已开）。

呼叫分机：输入 4 位房号（也可输入 3 位房号），再按"#"键即可，如果输入错误，按

"*"清除，重新输入。

呼叫管理中心机：输入"1000"，再按"#"键即可。

5）增加用户卡方法

主机门禁模块正常通电后，先刷"管理卡"主机响两声滴滴，接着依次刷用户卡，刷完后，再刷一下"管理卡"，主机响一声，用户卡增加完成。

2. 室内机设置

1）布撤防键

长按键 5 s 布防，指示灯闪烁，再次长按 5 s 撤防，指示灯常亮，本功能也可以通过按室内机上"报警"按键触发报警功能（长按通话键取消报警待机状态）。

2）监视键

在待机下，可按室内机上的"监视"按键查看室外情况，在进入监视状态以后同时开启通话功能，可直接和室外机对讲通话。

3）通话/挂机键

当室外机呼叫室内机时，室内机将响起音乐铃声，并且在室内机上显示室外传来的视频图像。如果在 20 s 内按下室内机上的"应答"按钮，即可建立通话（否则 20 s 后室内机将在提示"滴滴"音后结束室外机呼叫并自动返回待机状态）。通话中按下室内机上的"开锁"按钮可开启大门，室内机将在提示"滴滴"音后结束通话并关闭视频。本对讲系统最长通话时间为 60 s。超过 60 s 通话时间，系统将自动结束通话并返回待机状态。

4）开锁键

如果您在对讲系统中安装了电控锁，便可在对讲模式下使用"开锁"键将门打开。

注：室内机侧方或者下方有调节电位器：① 色度调节；② 对比度调节；③ 空；④ 音量调节。

3. 常见故障处理办法

1）打不开锁（通话状态下）

故障范围：开锁线路。

故障排除及分析：

（1）检查门口机到电锁的线路。

（2）L+、L-是否有 12 V 左右电压输出到电锁。

（3）电锁线圈是否坏。

2）主机呼不通分机

故障范围：

（1）解码器未编房号。

（2）网线顺序接错。

（3）解码器到分机线路未接好。

（4）解码器到分机的接线距离（超五类线超过 60 m）。

3）有图像无声音

故障范围：通话线路。

故障分析：确定是一户还是整个单元。

整个单元故障：

（1）查主机到解码器的黑色线与绿色线是否接错（网线棕白和绿白）。

（2）查主机通话电路。

一户故障：查该户解码器到分机的网线棕白和绿白是否接错。

4）无监视图像

故障范围：

（1）查视频线。

（2）查 CCD 接口。

如果呼叫不正常同上

5）按键无作用

故障范围：

① 检查系统电源。

② 检查主板。

实训 2　消防报警系统

消防报警系统，又称火灾自动报警系统（Fire Alarm System，FAS），具有能在火灾初期将燃烧产生的烟雾、热量、火焰等物理量，通过火灾探测器变成电信号，传输到**火灾报警控制器**，并同时显示出火灾发生的部位、时间等功能，使人们能够及时发现火灾，并采取有效措施扑灭火灾，最大限度地减少因火灾造成的生命和财产的损失，是人们同火灾做斗争的有力工具。

【实训目的】

（1）掌握消防报警系统工作原理。
（2）掌握功放调试方法。
（3）掌握消防报警系统硬件连线。
（4）掌握主机的调试及运用。

【实训仪器与设备】

表 2-2-1　实训仪器与设备清单

工具	数量	备注
火灾控制器	1	
音响	1	
功率放大器	1	
继电器	1	
无线安防防盗报警系统	1	
消防输入输出模块	2	
手动报警系统	1	
烟雾传感器	1	
温度传感器	1	

【实训原理】

消防报警系统由触发装置、火灾报警装置以及具有其他辅助功能装置组成，如图 2-2-1 所示。

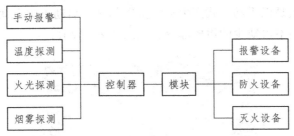

图 2-2-1　消防报警系统原理框图

1. 触发装置

在火灾自动报警系统中，自动或手动产生火灾报警信号的器件被称为触发装置，主要包括火灾探测器和手动火灾报警按钮。

火灾探测器是能对火灾参数（如烟、温度、火焰辐射、气体浓度等）进行响应，并自动产生火灾报警信号的器件。按响应火灾参数的不同，火灾探测器可分成感温火灾探测器、感烟火灾探测器、感光火灾探测器、可燃气体探测器和复合火灾探测器五种基本类型，如图 2-2-2 ~ 图 2-2-6 所示。不同类型的火灾探测器适用于不同类型的火灾和不同的场所。

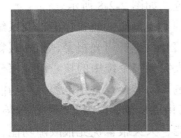

图 2-2-2　感温火灾探测器

图 2-2-3　感烟火灾探测器

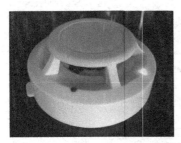

图 2-2-4　感光火灾探测器

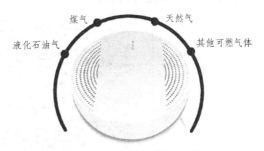

图 2-2-5　可燃气体探测器

图 2-2-6　复合火灾探测器

手动火灾报警按钮是以手动方式产生火灾报警信号、启动火灾自动报警系统的器件，也是火灾自动报警系统中不可缺少的组成部分，如图 2-2-7 所示。

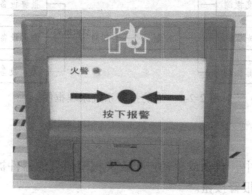

图 2-2-7　手动火灾报警按钮

2. 火灾报警装置

在火灾自动报警系统中，用以接收、显示和传递火灾报警信号，并能发出控制信号和具有其他辅助功能的控制指示设备被称为火灾报警装置，如图 2-2-8 所示。

火灾报警控制器担负着为火灾探测器提供稳定的工作电源，监视探测器及系统自身的工作状态，接收、转换、处理火灾探测器输出的报警信号，进行声光报警，指示报警的具体部位及时间，同时执行相应辅助控制等诸多任务，是火灾报警系统中的核心组成部分。

火灾报警控制器的基本功能主要有：主电、备电自动转换，备用电源充电功能，电源故障监测功能，电源工作状态指标功能，为探测器回路供电功能，探测器或系统故障声光报警，火灾声、光报警，火灾报警记忆功能，时钟单元功能，火灾报警优先报故障功能，声报警音响消音及再次声响报警功能。

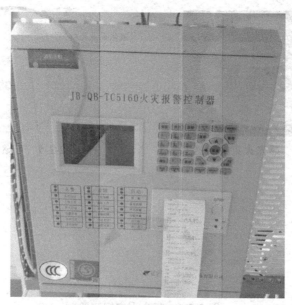

图 2-2-8　火灾报警控制器

3. 其他辅助功能装置

在火灾自动报警系统中，用以发出区别于环境声、光的火灾警报信号的装置被称为火灾警报装置。它以声、光音响方式向报警区域发出火灾警报信号，以警示人们采取安全疏散、灭火救灾措施。

在火灾自动报警系统中，当接收到火灾报警后，能自动或手动启动相关消防设备并显示其状态的设备，被称为消防控制设备。主要包括火灾报警控制器，自动灭火系统的控制装置，室内消火栓系统的控制装置，防烟排烟系统及空调通风系统的控制装置，常开防火门，防火卷帘的控制装置，电梯回降控制装置，以及火灾应急广播、火灾警报装置、消防通信设备、火灾应急照明与疏散指示标志的控制装置等控制装置中的部分或全部。消防控制设备一般设置在消防控制中心，以便于实行集中统一控制。也有的消防控制设备设置在被控消防设备所在现场，但其动作信号则必须返回消防控制室，实行集中与分散相结合的控制方式。图 2-2-9 所示为无线 GSM 安全防盗报警系统及输入输出模块，图 2-2-10 所示为消防广播扬声器及功率放大器。

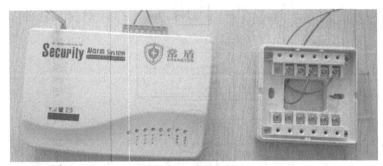

图 2-2-9 无线 GSM 安全防盗报警系统及输入输出模块

图 2-2-10 消防广播扬声器及功率放大器

【实训步骤】

消防报警系统接线图如图 2-2-11 所示。

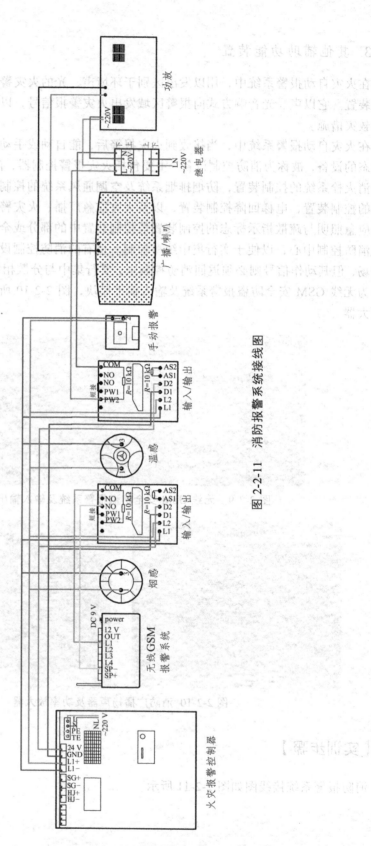

图 2-2-11 消防报警系统接线图

第一步：火灾控制器安装。

将火灾报警器外壳打开，会看到如图 2-2-12 所示的接线柱。图中，TE、PE 接地线，N 处接由空气开关接出的 220 V 交流电零线，L 处接由空气开关接出的 220 V 交流电火线。

图 2-2-12　火灾控制器安装接线图

第二步：输入输出模块安装。

COM 与 PW2、AS1 与 AS2 需短接 10 kΩ 电阻，PW1 与 NO 短接，其余按照接线图连接，如图 2-2-13 所示。

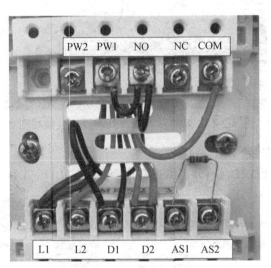

图 2-2-13　输入输出模块接线图

第三步：继电器安装。

按继电器外壳标识，1、4 接线口悬空，5、8 接线口外接 220 V 交流电源，9、12 接线口和功放电源线相连（左蓝右棕），13、14 口接输入输出模块 PW2 与 COM 端，如图 2-2-14 所示。

图 2-2-14 继电器接线图

第四步：功率放大器及扬声器安装。

音箱黑色的线接在 COM 端，红色的线接在 4 Ω/16 Ω 端，如图 2-2-15 所示。插上 U 盘，并打开电源。

图 2-2-15 功率放大器及扬声器安装接线图

第五步：手动按钮安装。

打开外壳，有两个接线柱，不分正负接到报警主机的 L1+，L1-，如图 2-2-16 所示。

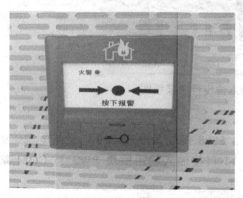 

图 2-2-16 手动按钮安装接线图

第六步：传感器安装。

打开外壳，"1"接报警主机的"L1+"，"3"接接报警主机的"L1-"，如图 2-2-17 所示。

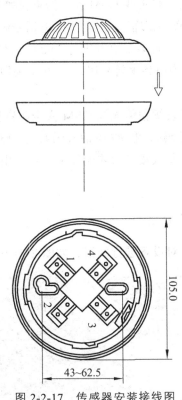

图 2-2-17　传感器安装接线图

第七步：无线 GSM 安全防盗报警系统安装。

无线 GSM 安全防盗报警系统 L1 接 TCMK5203 输入/输出模块 1，无线 GSM 安全防盗报警系统 SP-接 TCMK5203 输入/输出模块 3，如图 2-2-18 所示。

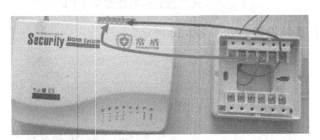

图 2-2-18　无线 GSM 安全防盗报警系统安装接线图

【实训调试】

1. 短信报警设置

（1）在无线 GSM 安全防盗报警系统中插入 SIM 卡（要移动卡），待机正常后，用手机拨打无线 GSM 安全防盗报警系统 SIM 卡号码。接通后输入初始密码"8888",主机提示"密码正确",再按"*002*",主机提示设置成功。这个指令是设置机器断电和来电后报警的。

（2）设置报警号码。用手机拨打无线 GSM 安全防盗报警系统 SIM 卡号码,接通后输入初始密码"8888",主机提示"密码正确"。再按"#1 电话号码#",输入第一组报警号码,指令格式为"8888#1 电话号码#",设置第 2 组号码为"#2 电话号码#",以此类推,一共可以设置 9 个电话号码。其中 1~6 个为电话报警号码,7~9 个为短信报警号码,电话报警号码和短信报警号码可以相同。

（3）设置短路报警。用手机发短信给无线 GSM 安全防盗报警系统 SIM 卡号码。连续发 6 条短信,依次为：① #1 电话号码#；② #7 电话号码#；③ *8730*；④ *71111*；⑤ *971*；⑥ 88881,发短信的时候前面一条被接受后才能发下一条。用线短路 L1 跟 SP-,手机会接到短信防区报警 L1。

2. 火灾报警控制系统设置

（1）设备连接完成以后需要对设备进行登记,如图 2-2-19 所示。

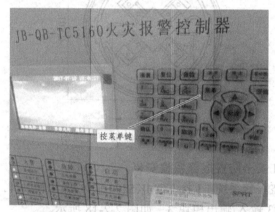

图 2-2-19　火灾报警控制器登记（1）

（2）按"5"进行系统设置,如图 2-2-20 所示。

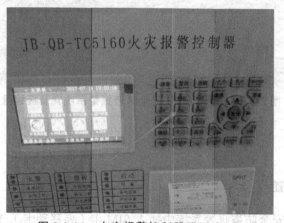

图 2-2-20　火灾报警控制器登记（2）

（3）再按"1"进入设备登记，如图2-2-21所示。

图2-2-21　火灾报警控制器登记（3）

（4）输入Ⅲ级密码并确认，如图2-2-22所示。

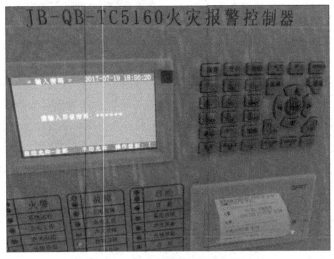

图2-2-22　火灾报警控制器密码确认

【实训现象】

当有火灾发生时，手动报警器、烟雾报警器及感温报警器向主机发送火灾信号。主机会发出报警信号，液晶屏显示相关信息，并打印小票，如图2-2-23和图2-2-24所示。同时主机控制输入输出模块让继电器导通并给音频放大器上电，若音频放大器开关打开并插上U盘，音频放大器通过音箱播放火灾语音信息，提示人们撤离。同时"播放暂停键"会红绿色变换闪烁，"上一曲""下一曲""MODE"绿灯常亮。旋转"MP3""MAST"旋钮可控制播放的提示语音音量。

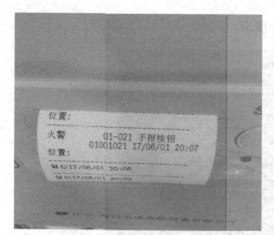

图 2-2-23 打印小票

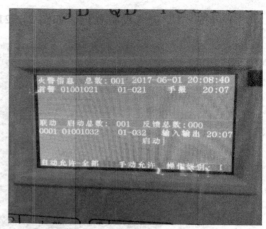

图 2-2-24 控制器显示界面

实训 3　视频监控及安防系统

视频监控及安防系统（Video Surveillance & Control System，VSCS）指利用视频探测技术监视设防区域并实时显示、记录现场图像的电子系统或网络。视频监控及安防系统是应用光纤、同轴电缆或微波在其闭合的环路内传输视频信号，并从摄像到图像显示再到记录的独立完整的系统，能实时、形象、真实地反映被监控对象，可以在恶劣的环境下代替人工进行长时间监视，并通过录像机记录下来。

【实训目的】

（1）掌握摄像头及云台的硬件接线、工作原理和软件调试。
（2）掌握红外传感器的工作原理及硬件接线。
（3）掌握硬盘的安装及显示器的调试。
（4）掌握报警主机的硬件接线和工作原理。
（5）掌握报警键盘的硬件接线和设置方法。
（6）掌握 iVMS-4200 的配置方法。

【实训仪器与设备】

表 2-3-1　实训仪器与设备清单

工具	数量	备注
路由器	1	
网络摄像头	2	云台一个，红外摄像头一个
红外传感器	2	主动、被动各一个
硬盘显示器	1	
网络报警主机	1	
报警键盘	1	
工具箱	1	一字螺丝刀、十字螺丝刀、内六角螺丝刀、电胶布、剥线钳

【实训原理】

视频安防监控系统如图 2-3-1 所示。

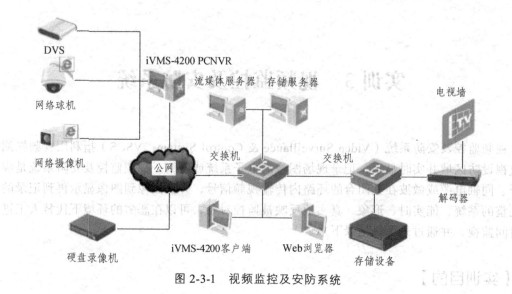

图 2-3-1　视频监控及安防系统

1. 前端部分（数据采集）

前端完成模拟视频的拍摄，探测器报警信号的产生，云台、防护罩的控制，报警输出等功能。主要包括摄像头、电动变焦镜头、室外红外对射探测器、双监探测器、温湿度传感器、云台、防护罩、解码器、警灯、警笛等设备。摄像头通过内置 CCD 及辅助电路将现场情况拍摄成为模拟视频电信号，经同轴电缆传输。电动变焦镜头将拍摄场景拉近、推远，并实现光圈、调焦等光学调整。温、湿度传感器可探测环境温度、湿度，从而控制防护罩内温度、湿度以最适应摄像机工作环境。云台可实现拍摄角度的水平和垂直调整。解码器是云台、镜头控制的核心设备，通过它可实现使用微机接口经过软件控制镜头、云台。

摄像机可采用墙壁式支架安装和吸顶式支架安装，如图 2-3-2 和图 2-3-3 所示。

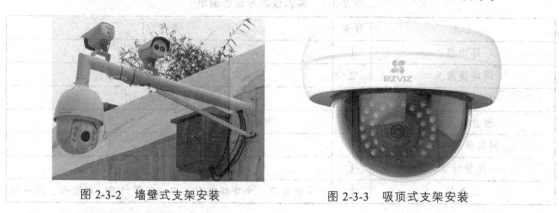

图 2-3-2　墙壁式支架安装　　　　图 2-3-3　吸顶式支架安装

红外探测可分为主动和被动两种类型。

防范区域内有人体移动时，人体发出的红外线经过光学透镜聚焦到热释电红外传感器上，热释电红外传感器感应到红外线信号，输出热电信号，该信号非常微弱，并且夹杂着很多干扰信号，为此需要设计特殊的热电信号处理电路，在放大热电信号的同时，滤除掉造成干扰的杂波信号。

主动红外探测器如图 2-3-4 所示，红外对射探测器如图 2-3-5 所示。

 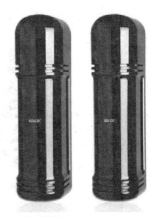

图 2-3-4　主动红外探测器　　　　图 2-3-5　红外对射探测器

2．传输部分

传输部分包括电缆或光缆，以及可能的有线或无线信号调制解调设备等。

传输部分要求前端摄像机对摄录的图像进行实时传输，同时要求传输损耗小，具有可靠的传输质量，图像在录像控制中心能够清晰地显示。

3．控制部分

该部分是安防监控系统的核心，它完成模拟视频监视信号的数字采集、MPEG-1 压缩、数据记录监控和检索、硬盘录像等功能。它的核心单元是采集、压缩单元，它的通道可靠性、运算处理能力、录像检索的便利性直接影响到整个系统的性能。控制部分是实现报警和录像记录并进行联动的关键部分。

控制部分主要包括视频切换器、云台镜头控制器、操作键盘、种类控制通信接口、电源和与之配套的控制台、监视器柜等。如图 2-3-6 所示为拨号键盘，图 2-3-7 所示为报警主机。

图 2-3-6　拨号键盘　　　　　　　图 2-3-7　报警主机

4. 显示记录部分

显示记录设备主要包括监视器、录像机、多画面分割器等，如图 2-3-8 ~ 图 2-3-10 所示。

图 2-3-8　硬盘录像机

图 2-3-9　多画面分割器

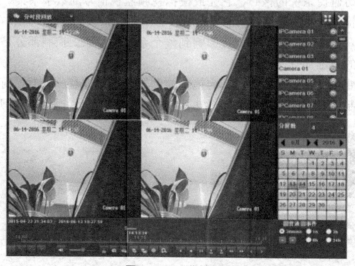

图 2-3-10　监视器

【实训步骤】

视频监控及安防系统接线图如图 2-3-11 所示。

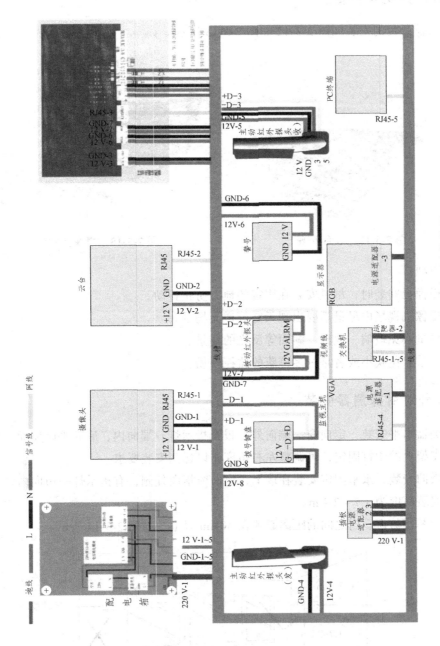

图 2-3-11 视频监控及安防系统接线图

第一步：硬件安装。

1. 摄像头及云台安装

摄像头及云台的安装如图 2-3-12 和图 2-3-13 所示。

图 2-3-12　云台安装

图 2-3-13　摄像头安装

注意事项：

（1）摄像机安装时，尽量安装在固定的地方防止抖动。

（2）摄像机视场内尽量不要出现天空等逆光场景。

（3）尽量避免玻璃、地砖、湖面等反光的场景。

（4）尽量避免狭小或者是过多遮蔽的监控现场。

2. 红外对射探测器安装

将探测器水平安装，定向窗一端向外，报警指示灯一端向内，底壳平贴墙面，用双面胶或用万向支架上的螺钉固定，可调整左右角度，以达到安装要求。

（1）横向安装，水平固定安装在墙上，定向窗指向外侧，有指示灯一边向内。

（2）安装高度为 1.7～2.2 m。

（3）探测器与窗、门之间的距离必须在 50 cm 以上，如图 2-3-14 所示。

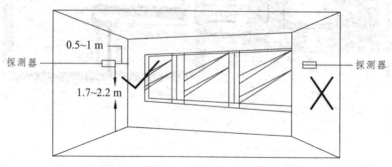
图 2-3-14　红外对射探测器安装（1）

（4）不可以安装在有些窗是双层玻璃之间的夹缝中，如图2-3-15所示。

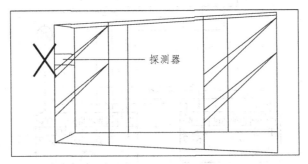

图2-3-15　红外对射探测器安装（2）

（5）在大面积的窗户防范安装中，如一边墙与玻璃窗直接连接，另一边墙与墙连接时，正确安装位置是安装在墙与墙连接的一侧，如图2-3-16所示。

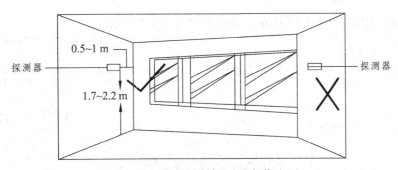

图2-3-16　红外对射探测器安装（3）

3. 主动红外探测器安装

（1）主动红外探测器安装时，接收端与发射端之间不得有遮挡物。

（2）主动红外探测器接收端与发射端安装高度应基本保持在同一水平面上。

（3）主动红外探测器在高温、强光直射等环境下使用时，应采取防晒、遮阳措施。

（4）设置在地面周界的探测器，其主要功能是防备人的非法通行，为了防止宠物、小动物等引起误报，探头的位置一般应距离地面50 cm以上。

（5）设置在墙上的探测器，其主要功能是防备人为的恶意翻越，所以顶上安装探测器的位置应高出栅栏、围墙顶部20 cm。

（6）侧面安装一般是做墙壁式安装，安装于外侧的居多。

（7）用于窗户防护时，探测器的底边高出窗台的距离不得大于20 cm。

主动红外探测器安装接线图如图2-3-17所示。

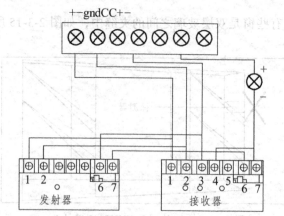

图 2-3-17 主动红外探测器安装接线图

4. 报警主机安装

1）报警主机接线图及接口分配表

报警主机接线图如图 2-3-18 所示，分配表如表 2-3-2 所示。

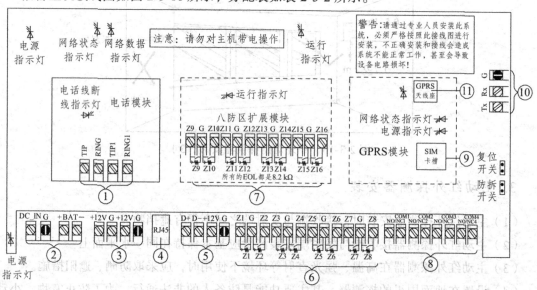

图 2-3-18 报警主机安装接线图

表 2-3-2 报警主机接口分配表

序号	名称	功能说明
1	电话接口	接电话线：TIP、RING；接话机：TIP1、RING1
2	电源接口	电源端子：DC_IN、G、BAT+/-，分别接电源正负极和蓄电池正负极
3	警号接口	警号（可控）/辅电输出，警号：+12 V（750 mA）、G；辅电：12 V（1 A）、G

续表

序号	名称	功能说明
4	RJ45 接口	接入以太网络
5	键盘接口	键盘输出口，半双工 485：D+、D-、+12 V、G，用于外部通信（例如接报警键盘等）
6	报警输入接口	16 路报警输入，G 为公共端，Z1、Z2、Z3、Z4、Z5、Z6、Z7、Z8、Z9、Z10、Z11、Z12、Z13、Z14、Z15、Z16 为防区输入
7		
8	报警输出接口	4 路本地报警输出（继电器：30 VDC，1A）
9	SIM 卡接口	SIM 卡座，插 SIM 卡
10	信息输出接口	信息输出口，RS232：TX、RX、G
11	GPRS 天线接口	接 GPRS 天线

注：对于 8 防区网络报警主机，第 6 项报警输入接口项，功能为：8 路报警输入，G 为公共端，Z1、Z2、Z3、Z4、Z5、Z6、Z7、Z8 为防区输入。

2）报警主机设备接线

（1）探测器接线如图 2-3-19 所示。

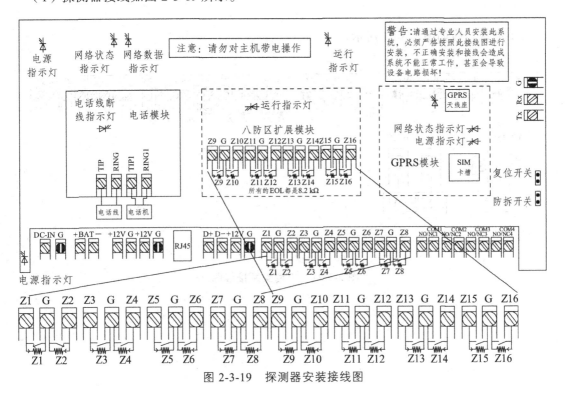

图 2-3-19　探测器安装接线图

（2）报警输出接线如图 2-3-20 所示。

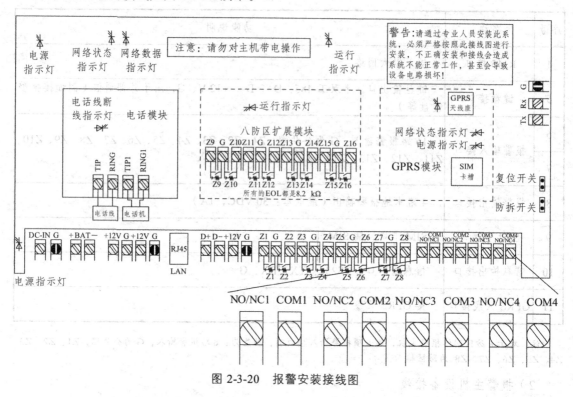

图 2-3-20　报警安装接线图

（3）电源接线如图 2-3-21 所示。

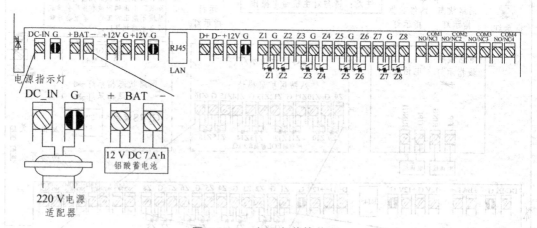

图 2-3-21　电源安装接线图

（4）防拆开关接线如图2-3-22所示。

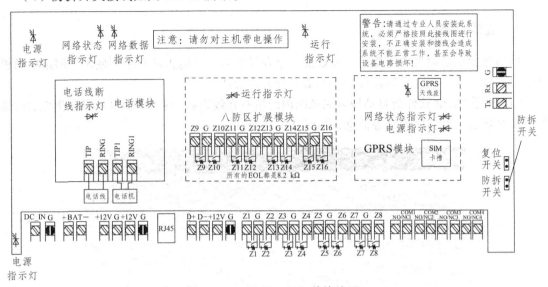

图 2-3-22　防拆开关安装接线图

（5）键盘接线如图2-3-23所示。

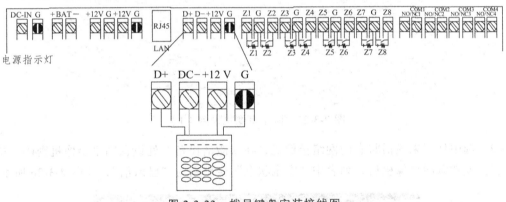

图 2-3-23　拨号键盘安装接线图

（6）警号接线如图2-3-24所示。

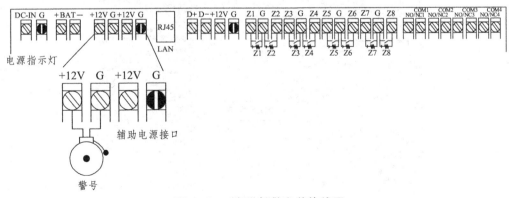

图 2-3-24　声光报警安装接线图

第二步：软件设置。

1. 激活设置

网络摄像机必须先进行激活，并设置一个登录密码，才能正常登录和使用。网络摄像机可通过 SADP 软件、客户端软件和浏览器三种方式激活。

（1）运行 SADP 软件会自动搜索局域网内的所有在线设备，列表中会显示设备类型、IP 地址、安全状态、设备序列号等信息，如图 2-3-25 所示。

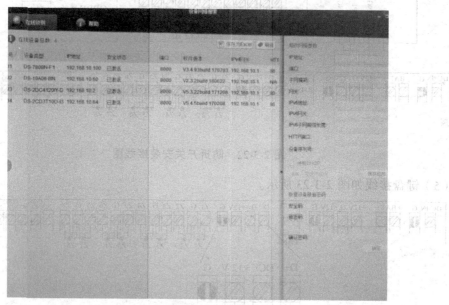

图 2-3-25 网络摄像机设置（1）

（2）选中处于未激活状态的网络摄像机，在"激活设备"处设置网络摄像机密码，单击"确定"。成功激活摄像机后，列表中"安全状态"会更新为"已激活"，如图 2-3-26 所示。

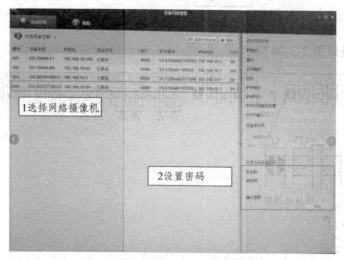

图 2-3-26 网络摄像机设置（2）

（3）选中已激活的网络摄像机，设置网络摄像机的 IP 地址、子网掩码、网关等信息。输入网络摄像机管理员密码，单击"保存修改"，提示"修改参数成功"后，则表示 IP 等参数设置生效，如图 2-3-27 所示。

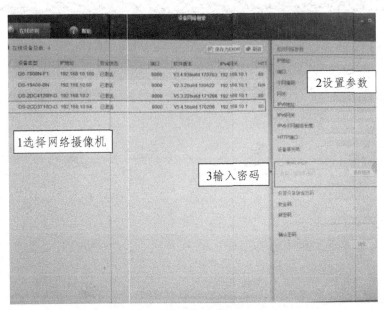

图 2-3-27　网络摄像机设置（3）

2. iVMS-4200 软件设置

（1）首次运行软件时需要创建一个超级用户，用户名和密码自定义，如图 2-3-28 所示。勾选"启用自动登录"，下次登录软件默认以当前用户自动登录。

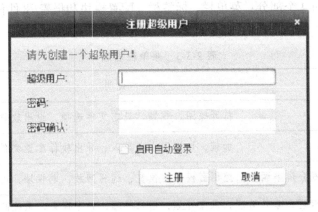

图 2-3-28　iVMS-4200 软件设置（1）

（2）系统初始化后，进入软件配置界面，如图 2-3-29 所示。

图 2-3-29 iVMS-4200 软件设置（2）

软件主界面分为 4 个部分：菜单栏、标签栏、配置模块和报警/事件信息列表。菜单栏信息如表 2-3-3 所示。

表 2-3-3 菜单栏信息

菜单	说明
文件	打开抓图、视频、日志文件选项，退出软件
系统	加锁，切换用户，导入、导出软件配置文件
视图	预览分辨率调整，控制面板，主预览，远程回放，电视墙，电子地图，辅屏预览
工具	设备管理，事件管理，录像计划，用户管理，日志搜索，系统配置，广播，系统布防控制，批量控制雨刷，批量校时，播放器，视频摘要回放，邮件队列
帮助	打开向导，用户手册，关于，语言

模块列表如表 2-3-4 所示。

表 2-3-4　模块列表信息

菜单		说明
		主预览：实现实时预览、录像、抓图、云台控制、录像回放等操作
		远程回放：远程回放设备录像
		电视墙：电视墙的配置及操作功能
		电子地图：管理和显示电子地图以及热点，实现电子地图相关操作，即地图的放大/缩小，热点实时预览，报警显示等
		报警主机：控制和监视报警主机的防区和子系统
		可视对讲：操作可视对讲设备
		设备管理：设备和分组的添加、修改和删除以及配置
		事件管理：监控点的事件、报警输入以及异常事件的管理及触发动作的设置
		录像计划：配置监控点的录像计划和相关录像参数
		用户管理：对系统的用户及权限进行设备
		日志搜索：搜索、查看和备份客户端以及远程日志
		系统配置：对系统的基本参数以及网络参数等进行配置
		热度图：热度数据统计
		客流量：客流量数据统计
		过线计数：过线计数数据统计
		道路监控：车辆、混行、违章检测搜索
		人脸检索：人脸图片搜索
		车牌检索：车牌检索图片搜索
		行为分析：行为分析图片搜索
		人脸抓拍：人脸抓拍数据统计
		编辑常用功能：添加/删除数据统计功能

(3)若软件未添加设备,需进行设备配置。

按照向导提示,点击"配置设备和存储计划"进入添加设备窗口,选择下方在线的设备,如图 2-3-30 所示。

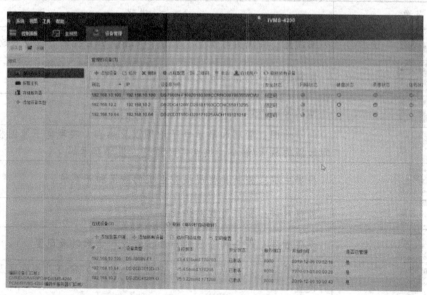

图 2-3-30　iVMS-4200 软件设置(3)

(4)分组管理,如图 2-3-31 所示。

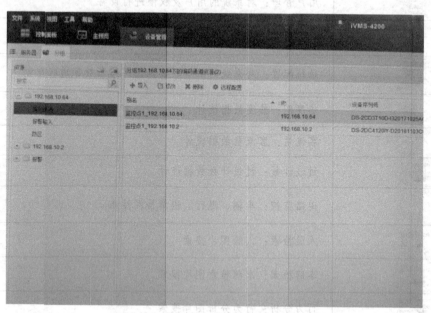

图 2-3-31　iVMS-4200 软件设置(4)

(5)录像设置。

配置各个监控点的录像计划,默认为全天模板。点击"模板编辑"可修改录像计划模板,如图 2-3-32 所示。

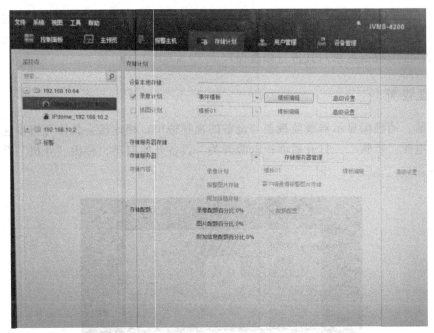

图 2-3-32　iVMS-4200 软件设置（5）

控制面板中选择"存储计划",可设置监控点的存储计划。可以选择通过设备本地存储或存储服务器存储,并且新增了报警图片和附加信息的存储及配额,如图 2-3-33 所示。

图 2-3-33　iVMS-4200 软件设置（6）

在控制面板中选择 ,进入存储计划配置界面。在左侧分组列表中选择需要录像的监控点，勾选"设备本地存储"。点击 模板编辑 ，进入模板界面后可选择不同的模板。全天模板、工作日模板、事件模板为固定配置，不能修改；自定义可对模板直接进行编辑，模板 01 至模板 08 可根据需求对其进行修改保存。

3. 硬盘设置

在开机前，请确保显示器或监视器与设备的视频输出口相连接。具体开机步骤如下：步骤一：插上电源。步骤二：打开后面板电源开关。设备开始启动，弹出"开机"界面，如图 2-3-34 所示。

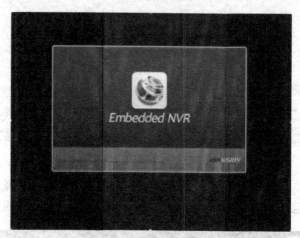

图 2-3-34 开机界面

1）设备激活

步骤 1：登录设置，如图 2-3-35 所示。

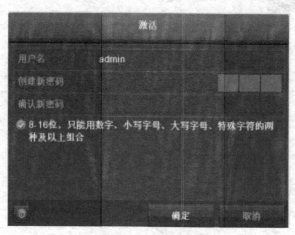

图 2-3-35 登录设置

步骤 2：创建设备登录密码，如图 2-3-36 所示。

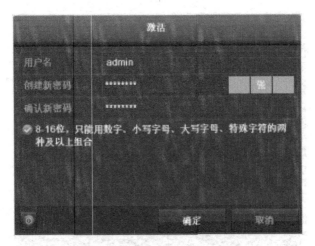

图 2-3-36　创建设备登录密码

步骤 3：单击"确定",弹出激活成功提示界面,如图 2-3-37 所示。

图 2-3-37　激活成功提示界面

步骤 4：单击"确定",完成设备激活,如图 2-3-38 所示。

图 2-3-38　完成设备激活

接下来单击"否",进入要操作的界面。或者单击"是",进入密码修改界面(见图 2-3-39),设置符合条件的新密码,单击"确定",弹出密码修改成功提示界面,单击"确定",进入要操作的界面。

图 2-3-39 密码修改界面

2）快速解锁

设备激活后，进入设置解锁图案界面，可设置 admin 用户快速解锁的图案，如图 2-3-40 所示。

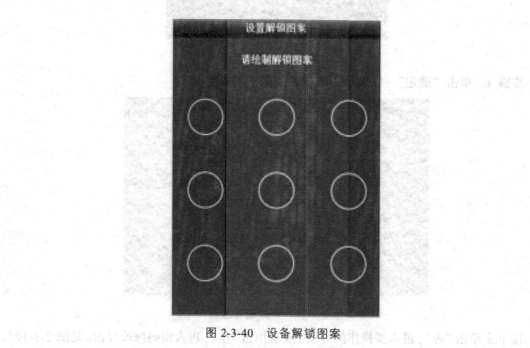

图 2-3-40 设备解锁图案

3）密码忘记或者锁定

绘制所设解锁图案，即可进入主菜单界面。单击"忘记解锁图案"或"切换用户"，均可进入普通登录界面，如图 2-3-41 所示。若绘制解锁图案与所设不一致，会提示"解锁图案错误，请重试"。若五次绘制解锁图案都错误，自动切换到普通登录界面。

图 2-3-41　普通登录界面

4）硬盘系统配置

步骤1：设置所在"时区""日期显示格式""系统日期"和"系统时间"，完成系统时间配置。

步骤2：设置"工作模式""网卡类型""IPv4 地址""IPv4 默认网关"等网络参数。

步骤3：平台配置，设置平台参数。

步骤4：快捷上网配置，设置"端口""UPnP""DDNS"等参数。

步骤5：RAID 配置。

步骤6：硬盘初始化。

步骤7：IP 通道设置。

步骤8：录像配置。

【实训现象】

可以通过软件看到各种数据，以及安防布防和实时监控，如图 2-3-42～图 2-3-44 所示。红外探测器的探测区域内有物体以正常的速度经过，此时红外探测器上的 LED 指示灯常亮（通常是红色指示灯），如果有报警信号输出，报警主机接收端的防区指示灯会亮，并且有报警声音（一般是警笛声）响起；如果红外探测器的指示灯亮但没有输出，报警主机是不会发出报警声音的。

图 2-3-42　视频监控（a）

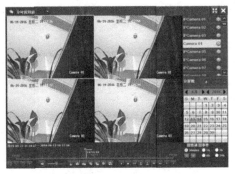

图 2-3-43　视频监控（b）

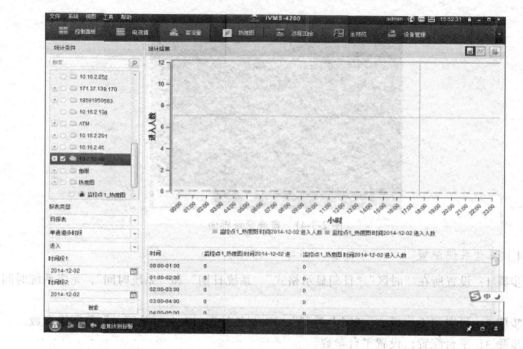

图 2-3-44 监控数据

实训 4　DDC 楼宇智能照明及电器控制系统

自动化技术是当今举世瞩目的高新技术之一，也是今后实现工业高度自动化重点要发展的一个领域。计算机控制可分为集中控制、分布式控制和直接数字控制等。直接数字控制（DDC）系统是用一台工业计算机配以适当的输入输出设备，从生产过程中经输入通道获取信息，按照预先规定的控制算法（如 PID、内回流等）计算出控制量，并通过输出通道直接作用在执行机构上，实现对整个生产、实训过程的闭环控制，通常它有几十个控制回路。DDC 系统的组成通常包括中央控制设备（集中控制计算机、彩色监视器、键盘、打印机、不间断电源、通信接口等）、现场 DDC 控制器、通信网络，以及相应的传感器、执行器、调节阀等元器件。

【实训目的】

（1）掌握 DDC 楼宇智能照明及电器控制系统主控制器原理及硬件连线。
（2）掌握 DDC 楼宇智能照明及电器控制系统程序烧写。
（3）掌握 DDC 楼宇智能照明及电器控制系统上位机显示方法。

【实训仪器与设备】

表 2-4-1　实训仪器与设备清单

工具	数量	备注
DDC 主控模块	1	
传感器	5	烟感，可燃气体，红外，湿度，光照
控制器	2	智能电表，智能调光
模拟模块	1	模拟电视，模拟空调
路由器	1	
工具箱	1	一字螺丝刀、十字螺丝刀、内六角螺丝刀、电胶布、剥线钳、烙铁、焊锡、U 型冷压头、4 MM 螺丝螺母等

【实训原理】

DDC 控制器是整个控制系统的核心，是系统实现控制功能的关键部件。它的工作过程是控制器通过模拟量输入通道（AI）和数字量输入通道（DI）采集实时数据，并将模拟量信号转变成计算机可接收的数字信号（A/D 转换），然后按照一定的控制规律进行运算，最后发出控制信号，并将数字量信号转变成模拟量信号（D/A 转换），并通过模拟量输出通道（AO）和数字量输出通道（DO）直接控制设备的运行。

DDC 楼宇智能照明及电器控制系统组成部分由电源部分、智能插座模块、智能调光模块、传感器采集模块、红外电视空调模拟模块及 DDC 控制气阀水阀模块组成。

1. 电源部分

DDC 楼宇智能照明及电器控制系统采用双电源控制：220 V 交流电及 12 V 直流电源，如图 2-4-1 所示。

2. 智能插座模块

多功能智能插座硬件系统由状态检测模块、单片机系统模块、电源模块等组成，插座的检测模块包括三个部分：温度检测、电流检测和电压检测。单片机作为系统的控制核心，处理各检测信号和键盘输入值，在 LCD 上显示其处理结果，并通过控制继电器实现智能插座的开启和关断。电源模块采用电容降压原理，即利用电容在一定的交流信号频率下产生的容抗来限制最大工作电流。电源模块由插座接头引入 220 V 交流电压，经过电容降压，再经二极管半波整流，12 V 稳压二极管稳压，电容滤波，LM317 稳压输出 5 V 直流电压，给单片机、显示器等提供电源。智能插座模块原理图如图 2-4-2 所示。

3. 智能调光模块

通常，调光方式分两种：一种是电压调光，一种是电流调光。电压调光是调光源输入电压，从而达到调节光源亮度的目的，但是这种调光方式在节能灯调光系统上不是特别可靠，但在 LED 和白炽灯方面却效果明显。电流调光也就是调整通过光源的电流大小，从而达到调光的目的，这是一种非常合适于 LED 调光的方式。智能调光模块电路图如图 2-4-3 所示。

4. 传感器采集模块

传感器（sensor）是一种检测装置，能感受到被测量的信息，并能将感受到的信息，按一定规律变换成为电信号或其他所需形式的信息输出，以满足信息的传输、处理、存储、显示、记录和控制等要求。传感器采集模块电路图如图 2-4-4 所示。

传感器的特点包括：微型化、数字化、智能化、多功能化、系统化、网络化。它是实现自动检测和自动控制的首要环节。传感器的存在和发展，让物体有了触觉、味觉和嗅觉等感官，让物体慢慢变得活了起来。通常根据其基本感知功能分为热敏元件、光敏元件、气敏元件、力敏元件、磁敏元件、湿敏元件、声敏元件、放射线敏感元件、色敏元件和味敏元件等十大类。

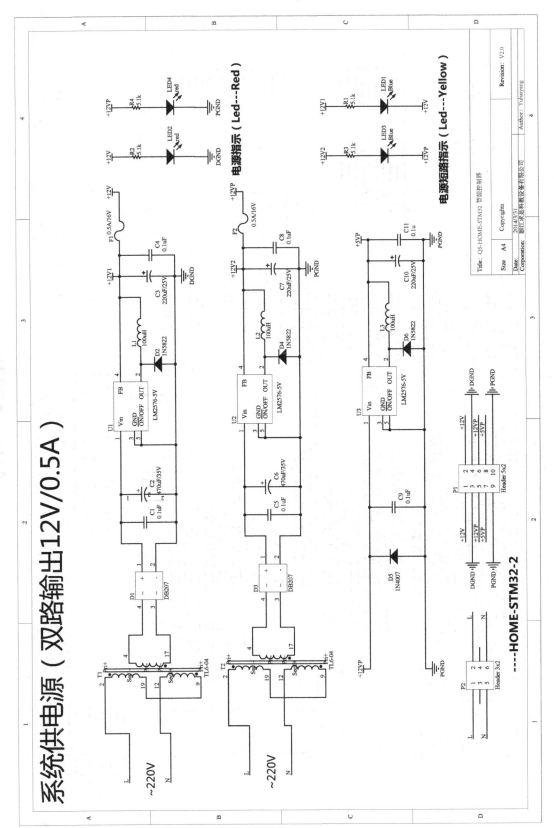

图 2-4-1 电源原理图

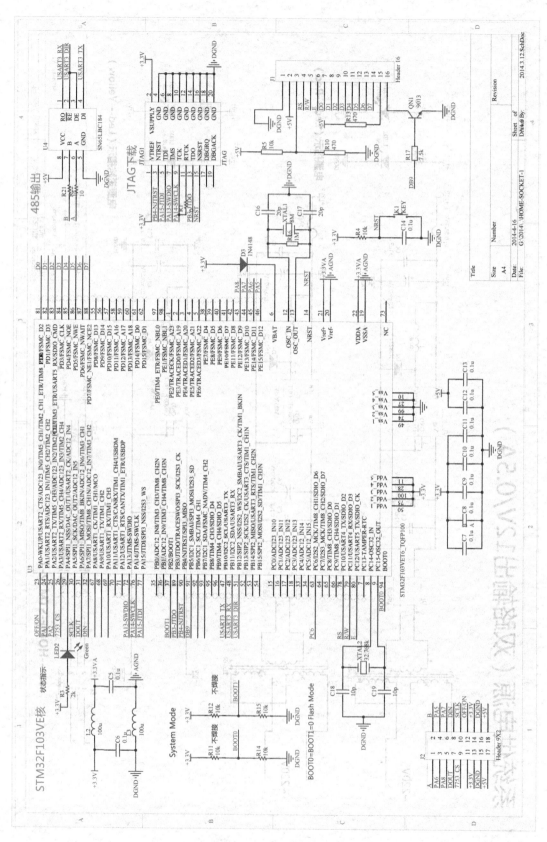

图 2-4-2 智能插座模块

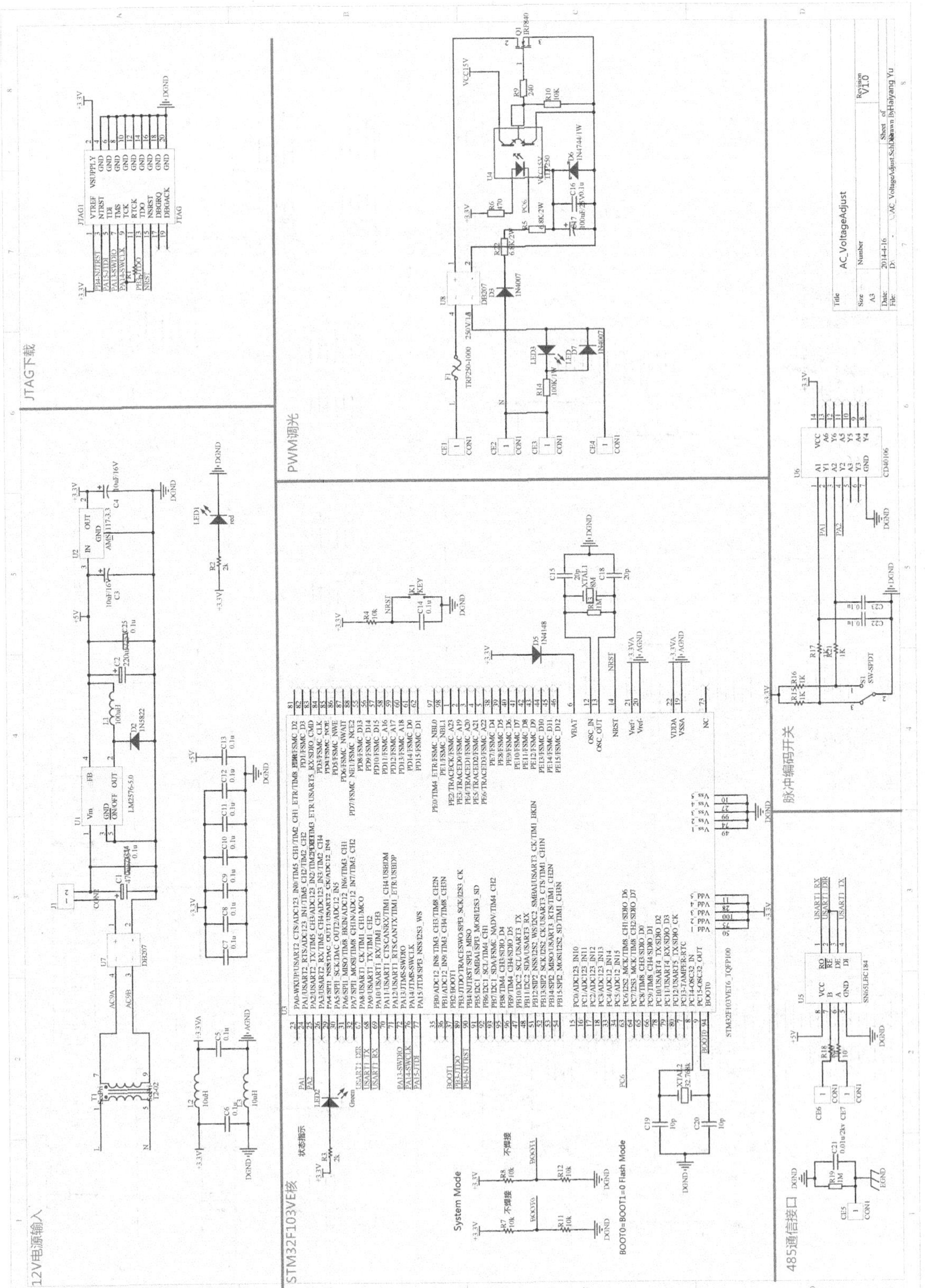

图 2-4-3 智能调光模块

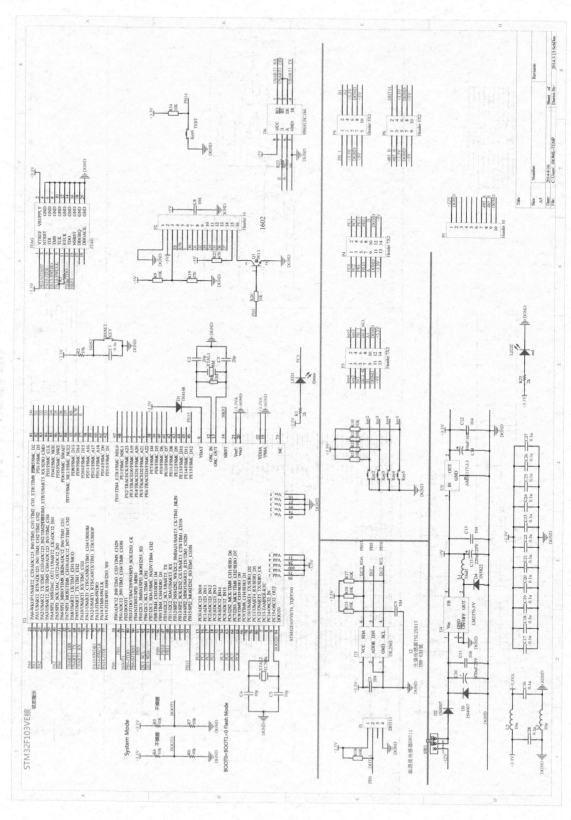

图 2-4-4 传感器采集模块

5. 红外遥控系统模块

一般的红外遥控系统是由红外遥控信号发射器、红外遥控信号接收器和微控制器及其外围电路等三部分构成的。遥控信号发射器用来产生遥控编码脉冲，驱动红外发射管输出红外遥控信号，遥控接收头完成对遥控信号的放大、检波、整形，解调出遥控编码脉冲。遥控编码脉冲是一组组串行二进制码，对于一般的红外遥控系统，此串行码输入到微控制器，由其内部 CPU 完成对遥控指令解码，并执行相应的遥控功能。在红外遥控系统中，解码的核心是 CPU。它接收解调出的串行二进制码，在内部根据本系统的遥控信号编码格式将串行码对应成遥控器上的按键。显然，这种在 CPU 内部解码出的遥控指令是不便利用的，而且用户也不需要获取它。用户只需利用一般红外遥控系统中的遥控发射器、遥控接收头，自行设计解码电路直接对遥控接收头解调出的遥控编码脉冲进行解码，就可以得到原始的按键信息。红外遥控系统模块原理图如图 2-4-5 所示。

6. DDC 智能控制模块

阀门的控制量为阀门开度，在应用场合往往会根据实际需要将阀门开或关，或者开到一定程度，甚至动态地以某种规律开关。在传统的模拟控制方式中用时间、电流的大小来表示阀门的开启角度。由于影响电流（电压）等参数的因素很多，因此显示的开启角度与阀门的实际位置不易达到同步，经常出现明显的偏差。同时，简单的模拟量控制提供的信息极为有限，不利于系统的调试和检修。笔者设计的智能型控制系统采用数字化的方法来控制电动执行机构运行。

模块采用 MOTOROLA 公司单片微处理器和外围芯片组成智能化的位置控制单元，接收统一的标准直流信号（如 4～20 mA 的电流信号），经信号处理及 A/D 转换送至微处理器，微处理机将处理后的数据送至显示单元显示调节结果，运算处理后产生的控制信号驱动交流电机。此外，系统带通功能，可以接收上位机的指令，进行远程数字控制。同时也可以在智能控制器本地的人机界面上通过菜单和按钮实现现场手动控制。DDC 智能控制模块原理图如图 2-4-6 所示。

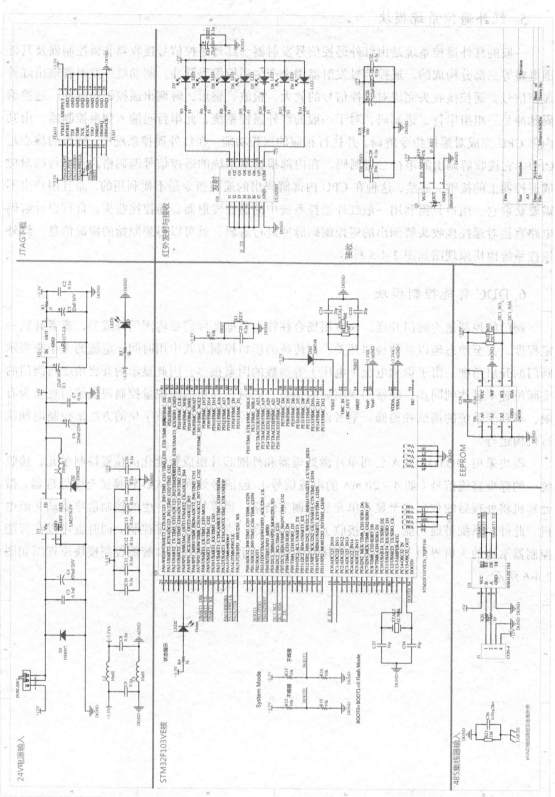

图 2-4-5 红外遥控系统模块

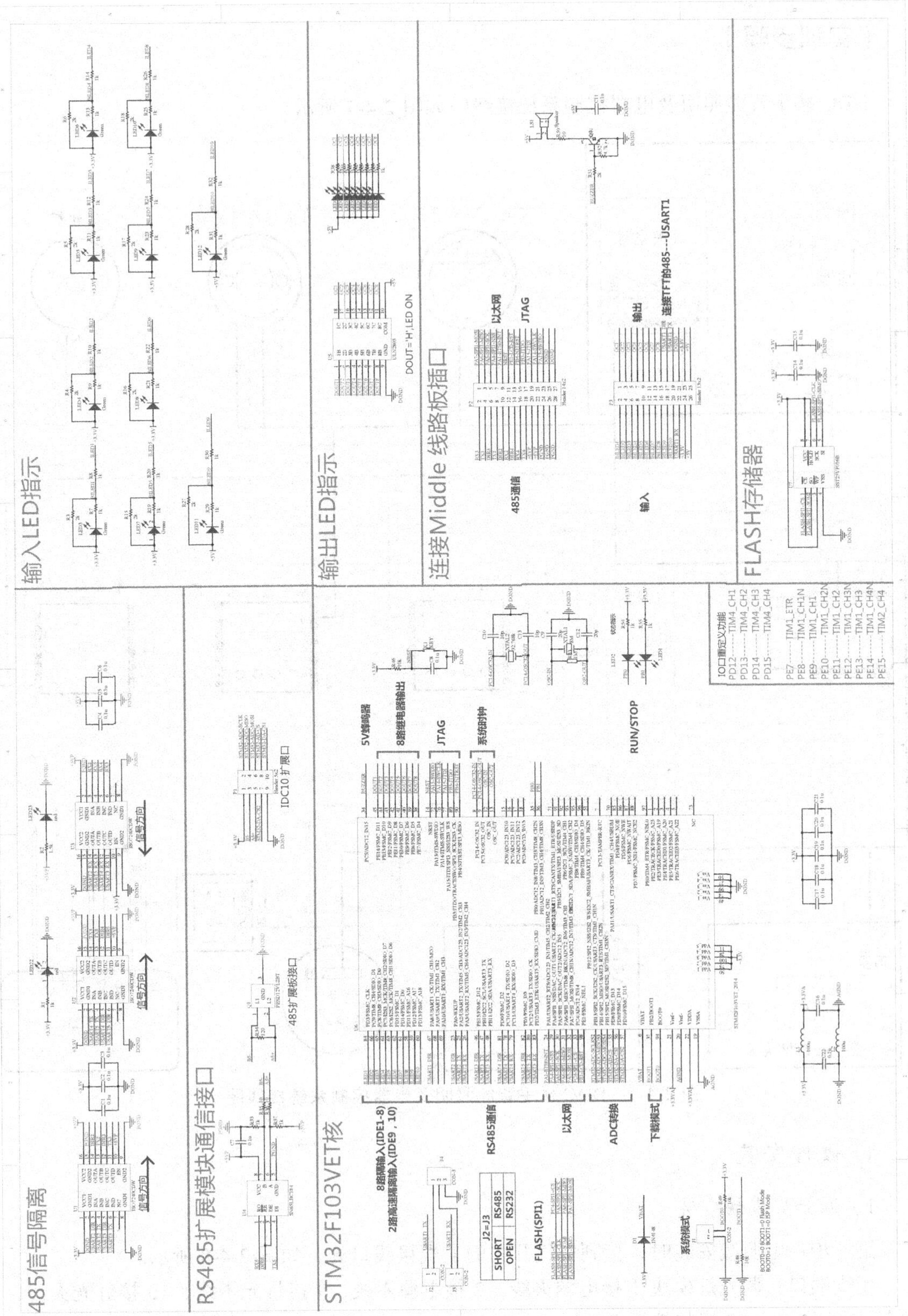

图 2-4-6 DDC 智能控制模块

【实训步骤】

DDC 楼宇智能照明及电器控制系统接线图如图 2-4-7 所示。

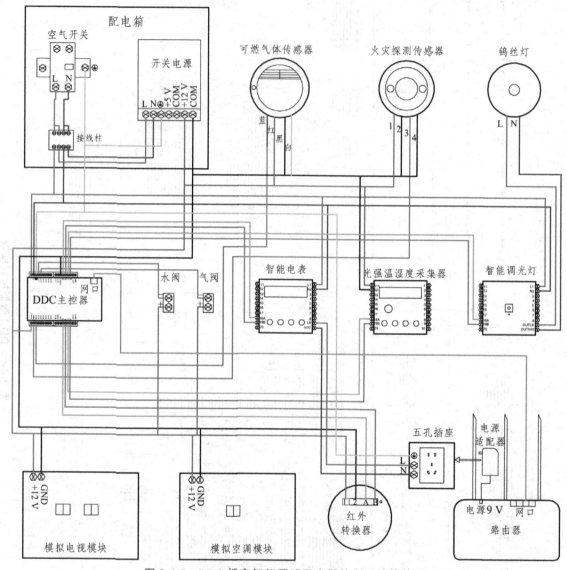

图 2-4-7 DDC 楼宇智能照明及电器控制系统接线图

1. 硬件安装

1）调光灯模块安装

第一步：电源线安装时，接到空气开关的上端接线口处，如图 2-4-8 所示。

接线端口：调光灯模块 1 接电源火线，2 接电源零线，9 接灯光零线，10 接灯光火线，18 接主控板 A3，19 接主控板 B3。

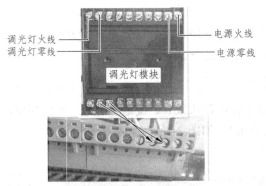

图 2-4-8 调光灯模块

第二步：DDC 主控模块电源安装，如图 2-4-9 所示。

接线端口：主控板 L 接电源火线，主控板 N 接电源零线，主控板 COMOUT 接电源 GND，主控板 COMIN 接电源+12 V，外接双绞线连接 PC。

图 2-4-9 DDC 主控模块电源接线图

第三步：调光灯安装，如图 2-4-10 所示。

（1）把白炽灯的底座安装到网格架上。

（2）接好线后，检查接线是否正确，确认无误后，安上白炽灯。

图 2-4-10 调光灯安装图

注意：

（1）接线时，先剥开外部绝缘层，铜线裸露不超过 0.5 cm。

（2）上螺丝时，一定要扭紧螺丝。

2）智能插座模块安装

接线端口：电表模块 1 接电源火线，2 接电源零线，9 接插座零线，10 接插座火线，18 接主控板 A2，19 接主控板 B2，如图 2-4-11 所示。

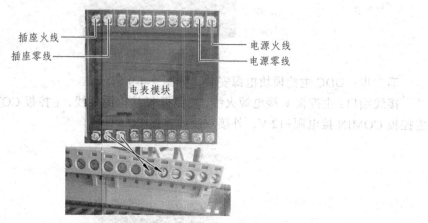

图 2-4-11　智能电表插座模块安装图

3）传感器采集模块安装

接线端口：11 接电源 12 V，12 接电源 GND，18 接主控板 A1，19 接主控板 A2，如图 2-4-12 所示。

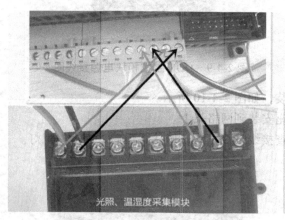

图 2-4-12　传感器采集模块安装图

4）红外遥控系统模块安装

接线端口：红外转换器 1 接电源+12 V，2 接电源 GND，A 接主控板 A4，B 接主控板 B4。电视机模块和空调模块红线接电源+12 V，黑线接电源 GND，如图 2-4-13 所示。

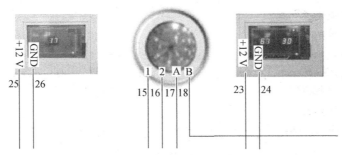

图 2-4-13　红外遥控系统模块安装图

5）水阀气阀模块安装

水阀气阀模块安装图如图 2-4-14，图 2-4-15 所示。接线端口："+"接电源+12 V，水阀"-"接主控板 OUT1，气阀"-"接主控板 OUT2。

图 2-4-14　水阀模块安装图　　图 2-4-15　气阀模块安装图

6）火灾传感器采集模块安装

火灾传感器采集模块安装图如图 2-4-16 所示。

接线端口：可燃气体传感器和火灾探测传感器，红线接电源+12 V，黑线白线接电源 GND，橙线接主控板 DIN1 和 DIN2。

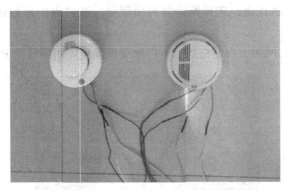

图 2-4-16　火灾传感器采集模块安装图

2．软件调试

第一步：打开上位机软件，如图 2-4-17 所示。

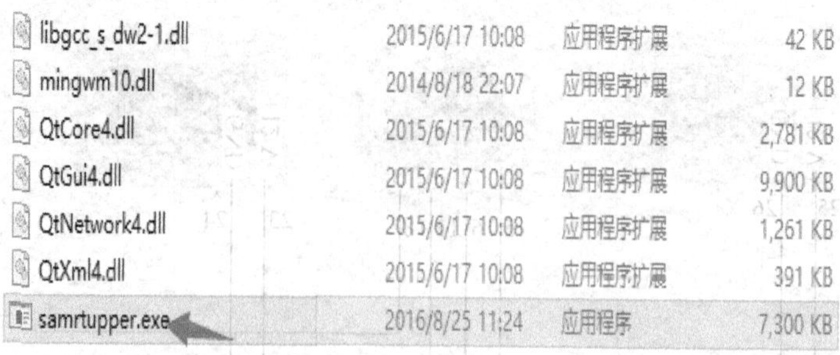

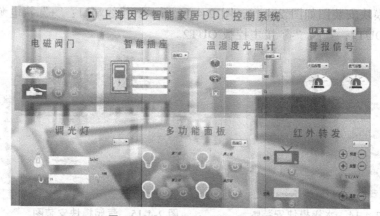

图 2-4-17 上位机软件

第二步：打开 DDC 控制软件，如图 2-4-18 所示。

图 2-4-18 DDC 控制软件界面

第三步：IP 设置选择 30。

第四步：选择端口，温湿度光照计选择端口 1，智能插座选择端口 2，调光灯选择端口 3，红外转发选择端口 4（根据实际连接方式选择端口数据）。

【实训现象】

（1）打开 DDC 控制界面，选择调光灯界面部分，通过点击鼠标达到调节灯光亮度，效果如图 2-4-19 所示。

界面显示数值大小，网架上面的白炽灯不停地变换亮度（用网线把 PC 机与主控制器连接）。

图 2-4-19 调光灯变换亮度

（2）打开 DDC 控制系统软件，找到智能插座部分，显示智能插座的数据信息，同时智能电表显示屏也会同步显示数据，与 PC 机显示相同。

电表显示信息，从左往右分别是：开关、上翻、下翻、菜单，如图 2-4-20 所示。通过这 4 个按键可调节显示不同信息。

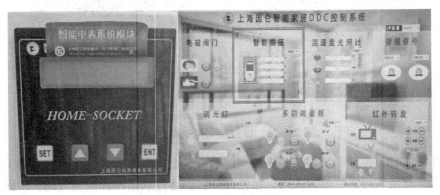

图 2-4-20　智能电表参数信息

（3）开 DDC 控制系统，选择光照温湿度界面，出现 3 组数据，与网格架上面光照温湿度显示屏相同，如图 2-4-21 所示。

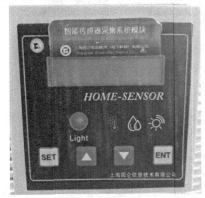
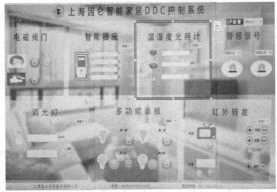

图 2-4-21　光照温湿度数据显示

（4）打开 DDC 控制系统，选择红外转发界面，有电视和空调图标，绿色的图标为开，红色的图标为关闭，加号、减号可以控制电视和空调的数字，同时网格架上的模拟电视和模拟空调也会改变数字，如图 2-4-22 所示。

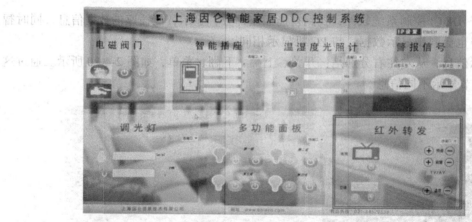

图 2-4-22 模拟空调电视数据显示

（5）打开 DDC 控制系统，选择电磁阀门界面，上面为水阀的开关，红色为关闭，绿色为开启；下面的是气阀，红色为关闭，绿色为开启。通过点击图标控制气阀、水阀，同时网格架上的气阀、水阀也会变换，如图 2-4-23 所示。

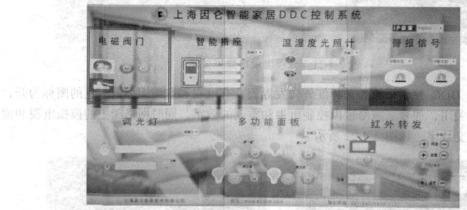

图 2-4-23 气阀水阀指示灯显示

（6）打开智能家居 DDC 控制系统，当有烟雾进入烟雾传感器时，控制系统界面就会响起警报，同时网格架上的烟雾传感器也会亮起红色指示灯。用手按动透明按钮，烟雾报警器会发出"嘀嘀"响声，主控器的指示灯会亮红灯。如图 2-4-24～图 2-4-26 所示。

 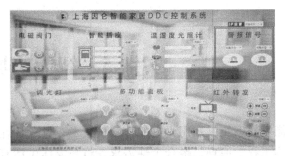

图 2-4-24　烟雾报警器报警　　　　　图 2-4-25　DDC 界面报警

图 2-4-26　主控板指示灯显示

（7）打开 DDC 控制系统，选择报警信号中的可燃气报警部分，当有可燃气体传入可燃传感器时，界面会出现报警状态，同时网格架上的可燃传感器会亮起指示灯，同时主控板指示灯点亮，如图 2-4-27~图 2-4-29 所示。

图 2-4-27　可燃气体传感器检测报警　　　图 2-4-28　主控板可燃气体传感器检测报警

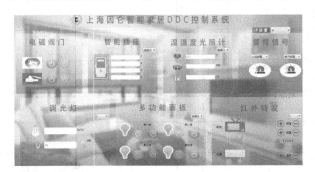

图 2-4-29　DDC 可燃气体传感器检测报警

实训 5　智能家居系统

智能家居系统是利用先进的计算机技术、网络通信技术、综合布线技术、医疗电子技术，依照人体工程学原理，融合个性需求，将与家居生活有关的各个子系统如安防、灯光控制、窗帘控制、煤气阀控制、信息家电、场景联动、地板采暖、健康保健、卫生防疫、安防保安等有机地结合在一起，通过网络化综合智能控制和管理，实现"以人为本"的全新家居生活体验。

【实训目的】

（1）掌握智能家居系统的工作原理。
（2）掌握智能家居系统设备调试方法。
（3）掌握智能家居系统硬件连线。
（4）掌握智能家居系统参数配置。

【实训仪器与设备】

表 2-5-1　实训仪器与设备清单

工具	数量	备注
电机	2	窗帘，雨棚各一个
雨棚窗帘模块板，6个继电器板	1	
指示灯	3	红色，绿色，声光报警，智能灯各一个
红外栅栏	1	
门禁	1	
换气扇	1	台
网关板	1	块
导线	若干	根
布	2	窗帘，雨棚各一张
工具箱	1	一字螺丝刀、十字螺丝刀、电胶布、剥线钳等

【实训原理】

智能家居系统的主要功能包括家庭设备自动控制、家庭安全防范两个方面。其中家庭设备自动监控包括电器设备的集中、遥控、远距离异地（通过电话或 Internet）的监视、控制及数据采集。系统提供了核心控制模块，无线通信模块，数据采集模块，继电器模块，电机模块等。系统的整体框图如图 2-5-1 所示。

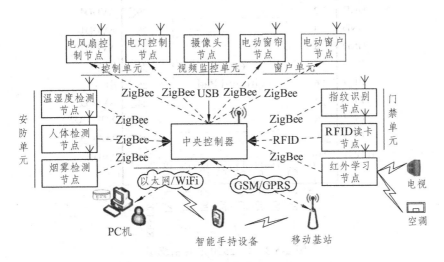

图 2-5-1　智能家居系统框图

1. 核心控制模块

该系统核心控制采用 CC2530 芯片。CC2530 是 TI 公司推出的一款芯片，里面包含了 51 单片机的内核与 Zigbee 技术，如图 2-5-2、图 2-5-3 所示。

图 2-5-2　CC2530 芯片

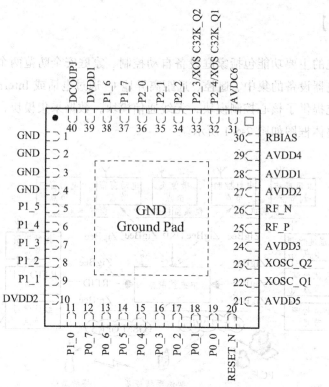

图 2-5-3　CC2530 芯片引脚图

2. 无线通信模块

Zigbee 是基于 IEEE802.15.4 标准的低功耗局域网协议。根据这个协议规定该技术是一种短距离、低功耗的无线通信技术。其特点是近距离、低复杂度、自组织、低功耗、低数据速率、低成本。ZigBee 的技术特性决定了它是无线传感器网络的最好选择，广泛用于物联网、自动控制、远程控制和监视等诸多领域。无线通信模块如图 2-5-4 所示。

图 2-5-4　无线通信模块

3. 数据采集模块

数据采集是计算机与外部物理世界连接的桥梁。数据采集模块由传感器、控制器等其他单元组成。数据采集卡、数据采集模块、数据采集仪表等，都是数据采集工具。数据采集模块基于远程数据采集模块平台的通信模块，它将通信芯片、存储芯片等集成在一块电路板上，使其具有通过远程数据采集模块平台收发短消息、语音通话、数据传输等功能。数据采集结构图如图 2-5-5 所示。

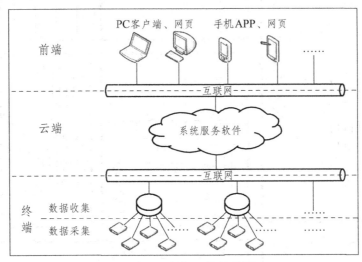

图 2-5-5　数据采集结构图

4. 继电器模块

继电器（relay）是一种电控制器件，通常应用于自动化的控制电路中，它实际上是用小电流去控制大电流运作的一种"自动开关"，故在电路中起着自动调节、安全保护、转换电路等作用。继电器实物与原理图如图 2-5-6、图 2-5-7 所示。

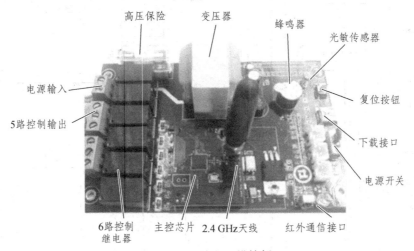

图 2-5-6　继电器模块板

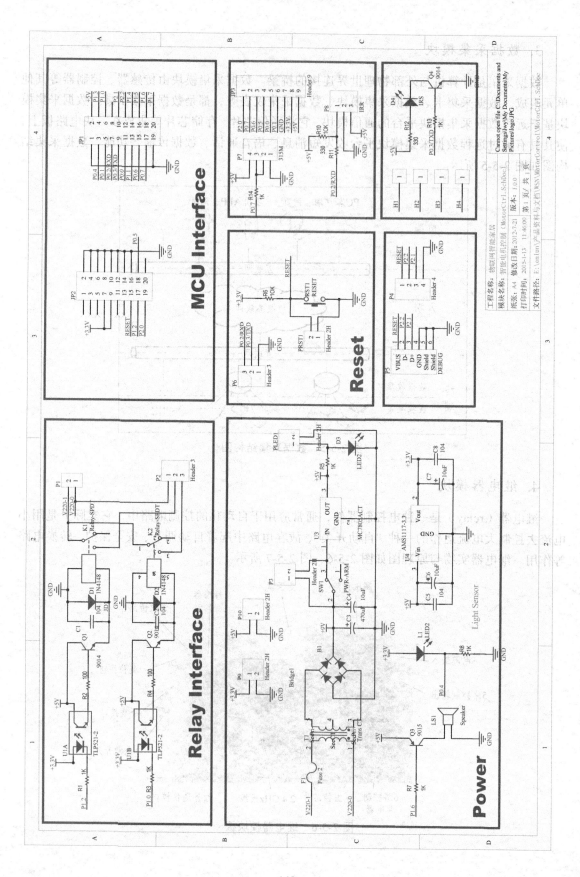

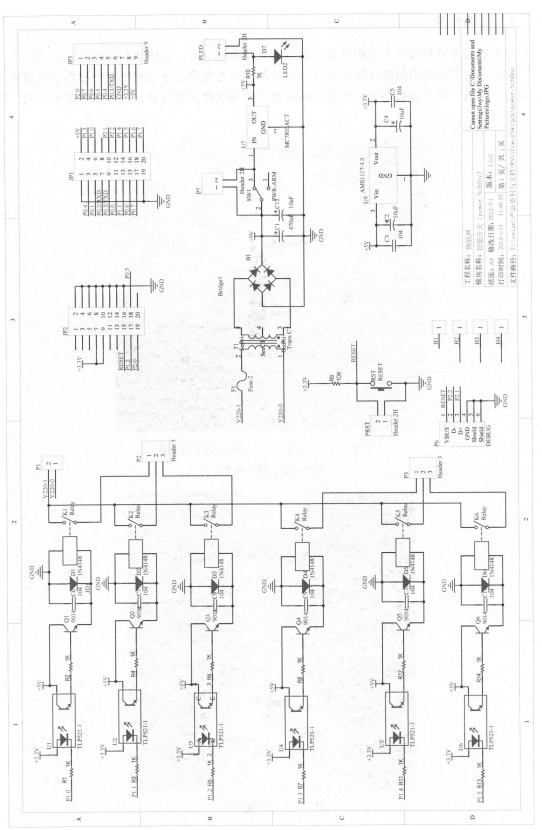

图 2-5-7 继电器模块板电路原理图

5. 电机模块

智能家居系统包含两个电机模块：窗帘电机及雨棚电机，如图2-5-8和图2-5-9所示。

窗帘电机及雨棚电机的作用是通过其本身的正反转来带动电动窗帘及雨棚沿着轨道来回运动的。电机一端设有微动开关装置，电机接线要求实现正转反转，从而实现窗帘开启、闭合的自我定位。

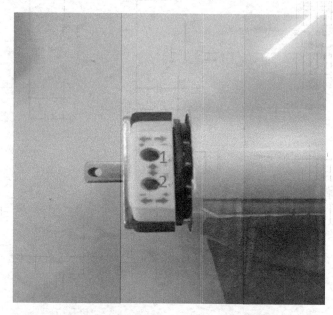

1——窗帘上升微调装置；2——窗帘下降微调装置。

图2-5-8 窗帘电机

图2-5-9 雨棚电机

【实训步骤】

智能家居系统接线图如图 2-5-10 所示。

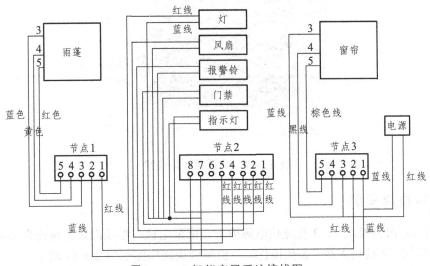

图 2-5-10 智能家居系统接线图

1. 继电模块安装

接线端口：绿灯火线连继电模块 1 孔，红灯火线连继电模块 2 孔，报警灯火线连继电模块 3 孔，风扇火线连安防继电模块 4 孔，灯火线连继电模块 5 孔，6 孔悬空。1、2、3、4、5 的零线短接，引出一根蓝线连继电模块 7 孔。继电 7 连雨棚 1 孔，继电 8 连雨棚 2 孔。继电器模块接线图如图 2-5-11 所示。

图 2-5-11 继电器模块接线图

2. 雨棚模块安装

接线端口：雨棚电机连雨棚 3、4、5 孔，蓝线必须在 3 孔，蓝线是共端，黄线、红线任意连 4、5 孔。雨棚 1、2 孔接继电器模块 7、8 孔。雨棚模块接线图如图 2-5-12 所示。

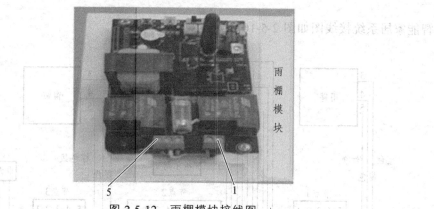

图 2-5-12　雨棚模块接线图

3. 窗帘模块安装

接线端口：窗帘模块 1、2 孔连接电源插头，窗帘电机一根线出来连接窗帘模块 3、4、5 孔，3 孔接棕线、4 孔接黑线、5 孔接蓝线。窗帘模块接线图如图 2-5-13 所示。

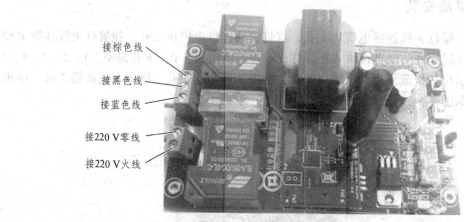

图 2-5-13　窗帘模块接线图

4. 红外栅栏安装

接线端口：两根红外栅栏正极接电源 12 V，负极接电源 GND，NC 端接 FRID 的 P00 端。其结构图与接线图如图 2-5-14、图 2-5-15 所示。

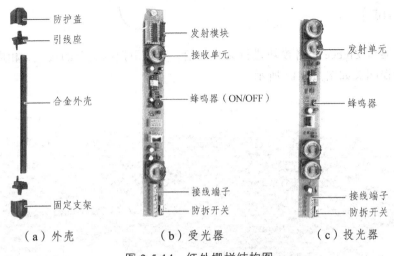

图 2-5-14　红外栅栏结构图

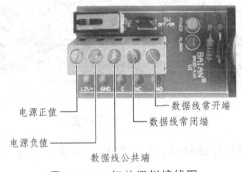

图 2-5-15　红外栅栏接线图

5. FRID 安装

接线端口：FRID 正极连接电源 5 V，负极连接电源 GND，P00 端连接红外栅栏 NC 端。FRID 接线图如图 2-5-16 所示。

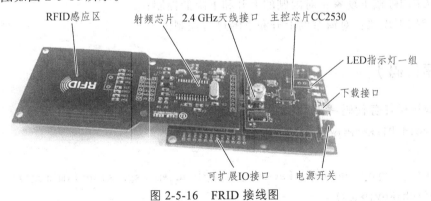

图 2-5-16　FRID 接线图

6. 中控网关安装

接线端口：正极连接电源 5 V，负极连接电源 GND。

【实训调试】

中控网关通过 Zigbee 与各模块进行无线通信，操作中控网关上的按键，相应的模块执行不同状态。中控网关如图 2-5-17 所示。

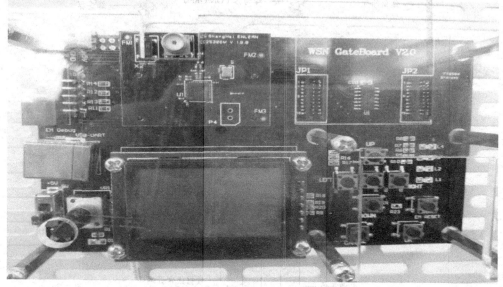

图 2-5-17 中控网关

开始前先对网关板进行程序的烧录，显示器将会出现"无键"两字，再按右边的按键来控制相对应的器件。

[UP]键按下现象：控制绿色指示灯；
[LEFT]键按下现象：控制红色指示灯；
[DOWN]键按下现象：控制报警灯启动；
[RIGHT]键按下现象：控制换气扇；
[CANCEL]键按下现象：对雨棚的上升和下降的控制；
[OK]键按下现象：对窗帘的上升和下降进行控制。

【程序代码】

网关板按键任务代码：

```
task void DirKeyProcess()
{
    uint8_t *payload=call Packet.getPayload(&m_msg, sizeof(m_msg));
    switch(KeyIndex)
    {
        case KeyUp:
        {
```

```
        call Lcd.PutString_cn(20,40,"上  键");
        SwitchA=!SwitchA; //Green Led
        payload[0]='A';
        if(SwitchA)
        payload[1]=0x01;
        else
        payload[1]=0x00;
    }
    break;
case KeyLeft:
{
        call Lcd.PutString_cn(20,40,"左  键");
        SwitchB=!SwitchB; //Red led
        payload[0]='B';
        if(SwitchB)
        payload[1]=0x01;
        else
        payload[1]=0x00;
}
    break;
case KeyDown:
{
        call Lcd.PutString_cn(20,40,"下  键");
        SwitchC=!SwitchC; //Alarm
        payload[0]='C';
        if(SwitchC)
        payload[1]=0x01;
        else
        payload[1]=0x00;
}
    break;
case KeyRight:
{
        call Lcd.PutString_cn(20,40,"右  键");
        SwitchD=!SwitchD;
        payload[0]='D';
        if(SwitchD)
         payload[1]=0x01;
```

```
            else
                payload[1]=0x00;
        }
        break;
    case KeyCenter:
        {
            call Lcd.PutString_cn(20,40,"中间键");
            SwitchE=!SwitchE;
            payload[0]='E';
            if(SwitchE)
                payload[1]=0x01;
            else
                payload[1]=0x00;
        }
        break;
    default:
        call Lcd.PutString_cn(20,40,"无  键");
        break;
    }
}
```

主程序代码
```
#include <iocc2530.h>
#define Led0    P0
#define Led1    P1
#define Led2    P2
    void Delay(unsigned int n){
    unsigned int tt;
    char j;
    for(j=0;j<5;j++)
    for(tt = 0;tt<n;tt++); }
    void main(void) {
P0DIR |=0xFF;
P1DIR |=0xFF;
P2DIR=0xFF;
unsigned char   sel=1;
unsigned char i;
while(1)
```

```c
{
    sel=1;
    for(i=0;i<8;i++)
    {
        Led0=~sel;
        Led1=~sel;
        Led2=~sel;
        sel=sel<<1;
        Delay(40000);
    }
    for(i=0;i<4;i++)
    {
        Led0=0x00;
        Led1=0x00;
        Led2=0x00;
        Delay(40000);
        Led0=0xFF;
        Led1=0xFF;
        Led2=0xFF;
        Delay(40000);      }  }  }
```

参考文献

［1］谢希仁. 计算机网络[M]. 北京：电子工业出版社，2017.
［2］裘炯涛，陈众贤. 物联网SoEasy基于Blynk平台的IoT项目实践[M]. 北京：人民邮电出版社，2019.
［3］赵英杰. 完美图解物联网IoT实操[M]. 北京：电子工业出版社，2018.
［4］杭州晶控电子有限公司. 教你搭建自己的智能家居系统[M]. 北京：机械工业出版社，2019.
［5］企想学院. 智能家居安装与控制项目化教程[M]. 北京：中国铁道出版社，2017.
［6］刘修文. 物联网技术应用智能家居[M]. 北京：中国铁道出版社，2019.